本书为国家社会科学基金一般项目"基于知识组织的科研项目评审专家发现研究"成果（项目编号：16BTQ079）

基于知识组织的科研项目评审专家发现研究

宋培彦◎著

·北京·

图书在版编目（CIP）数据

基于知识组织的科研项目评审专家发现研究 / 宋培彦著 . —北京：科学技术文献出版社，2022.6
ISBN 978-7-5189-9276-8

Ⅰ.①基… Ⅱ.①宋… Ⅲ.①科研项目—评定—专家—研究 Ⅳ.① G316

中国版本图书馆 CIP 数据核字（2022）第 098295 号

基于知识组织的科研项目评审专家发现研究

策划编辑：杨　杨　责任编辑：王　培　责任校对：王瑞瑞　责任出版：张志平

出 版 者	科学技术文献出版社
地　　址	北京市复兴路15号　邮编　100038
编 务 部	（010）58882938，58882087（传真）
发 行 部	（010）58882868，58882870（传真）
邮 购 部	（010）58882873
官方网址	www.stdp.com.cn
发 行 者	科学技术文献出版社发行　全国各地新华书店经销
印 刷 者	北京厚诚则铭印刷科技有限公司
版　　次	2022年6月第1版　2022年6月第1次印刷
开　　本	710×1000　1/16
字　　数	210千
印　　张	13.75
书　　号	ISBN 978-7-5189-9276-8
定　　价	56.00元

版权所有　违法必究

购买本社图书，凡字迹不清、缺页、倒页、脱页者，本社发行部负责调换

作者简介

宋培彦，男，博士，教授、硕士生导师，山东济宁人。2006年硕士毕业于中国社会科学院语言研究所，2010年博士毕业于北京师范大学中文信息处理研究所。2010年7月至2019年10月任职于中国科学技术信息研究所，先后从事"汉语主题词表"研究、"STKOS英文超级科技词表"研究、国家科技管理信息系统建设等工作，专注于知识组织研究和科技大数据应用工作。2019年11月任职于天津师范大学管理学院，从事知识组织、管理信息系统和科技大数据教学科研工作。主持国家社会科学基金项目3项、国家科技支撑计划子任务1项，参与完成各类项目30余项，出版2部学术专著，发表30余篇学术论文，获得4项发明专利和6项软件著作权，获得省级科技奖励1项、行业类奖励多项，其代表性应用系统为"科研项目评审专家发现系统""国际组织术语服务系统"。

序

专家是指对某一门学问有专门研究或者擅长某项技术的人员，其在科学研究、项目评审、成果转化、决策咨询等方面发挥着举足轻重的作用。随着人才强国战略、创新驱动发展战略的深入实施，科研项目特别是国家重大科研项目往往需要具有更强胜任力的专家参与，专家的专业权威性、影响力、活跃度等因素直接决定了科研项目的成效，这也成为科研项目管理的关键。因此，针对科研项目学科跨度大、影响面宽、管理环节多、专业性和创新性强等突出特点，快速、自动、精准发现具有高度相关性的领域专家是本书的主要应用场景与研究目的。

科研项目评审专家发现研究是一个复杂而艰巨的重要课题，关系科技创新评价和科研资源的有效配置。为了实现评审专家和科研项目的准确适配这一总体目标，本书以知识组织理论为基础，主要研究了3个关键问题，即研究语义化、有序化的专家信息表示模型和知识组织方法，提出专家信息表示、语义关联和扩展方法，以发现专家的研究专长、同行关系、影响力等深层次信息；研究知识驱动的专家发现辅助技术，实现更为客观、动态、准确的专家创新能力评估与自动发现；设计并开发专家发现服务原型系统、开展实证研究，为科研项目评审专家的精准发现和快速更新提供良好的理论基础与技术支撑。

本书在理论、方法、技术和应用方面努力形成完整的逻辑体系。在理论层面，基于知识组织语义优势和人才胜任力模型，建立了专家与知识主题的语义关联模型，将专家信息与知识组织体系进行关联、扩展和推理，构建具有多维语义关联的关系网络，将传统上以文献为主的知识组织延伸到以专家实例为核心的知识表示与发现，扩大了知识组织工具的适应性和开放性，形成应用驱动的知识组织新方式，促进了知识组织理论与方法研究。在此基础上，采用自然语言处理、机器学习、统计学等方法与技术，探索具有更高精度的科研项目评审专家发现方法，对专家研究专长、学术影响力、学术关系网络等进行动态发现、快速监测和自动推荐，为专家信息库建设、科研项目管理、科技创新服务等奠定良好基础，支持国家科研项目评审、管理与创新。总之，基于知识组织语义优势，在大规模文献数据和机器学习算法的支撑下，将专家信息与知识组织体系进行关联、聚合和推理，进而实现专家信息的自动发现、组织和更新，实现了知识组织工具规范性和专家实例开放性的有机统一，形成了可量化计算、可理性解释、可精准推荐的专家发现新路径，这是本书的主要特点。

本书是 2016 年国家社会科学基金一般项目"基于知识组织的科研项目评审专家发现研究"的成果，该项目于 2019 年顺利通过验收，结项等级为"优秀"。在课题研究期间，课题组积极进行学术研究和创新，重点从知识组织的角度对专家发现的理论、方法和技术进行了较为深入的研究，取得了一些研究成果，累计发表 EI 论文和核心期刊研究论文 11 篇、获得授权发明专利 2 项、获得软件著作权 2 项，奠定了良好的理论基础。验收评审专家对此给予充分肯定，认为"可以丰富知识组织理论的内容，为科技管理部门和学术机构提供示范应用"，"在理论研究方面，该成果对于知识组织理论的丰富与完善具有重要的参考价值，并对深化科学管理与评价理论具有学术意义；在实践应用方面，该成果将情报学多种研究方法整合应用到科学项目管理中，并结合实践加以验证，对于推广研究成果具有一定的现实意义"。这是对作者和课题组的鞭策与鼓励，极大地增强了我们对持续做好研究的信心。

厚植理论、创新方法、弘扬学术、服务社会，作者始终坚持以知识组织作为研究方向，理论研究与应用并重。本书设计的专家推荐系统和数据资源在科技管理部门得到了有效的检验，取得良好的社会效益。依托本书提出的方案，构建了专业领域知识库和专家库，已成为国内规模较大的科技基础信息资源，受到了科技管理部门和学术界的关注。已收录约20万条专业术语、1.2万名专家的相关信息，构建了共现关系网络，实现了人员—术语的初步聚类和叙词表语义映射，具有知识内容准确、格式描述规范、人机两用等优势。课题组开发了"科研项目评审专家发现系统"，通过了航天中认软件测评科技（北京）有限责任公司等第三方专业权威机构检测，实现了网上在线专家抽取服务，在多个省市科技项目评审中取得较好的应用效果，科技主管部门和科技工作者对其给予了较高评价，社会效益和应用前景良好。

本书坚持"小题大做"和"软课题硬做"。所谓"小题大做"，是指"专家发现"选择以具体可操作的术语作为小切口，深入贯通到知识组织理论、术语计算技术、专家抽取系统等方面，采用跨学科的研究方法，形成体系化、创新性的研究成果，努力拓宽学术视野、形成新的学术生长点。所谓"软课题硬做"，是大量采用了数据驱动、算法验证、信息系统设计等技术手段，融合了术语计算、统计模型、引文分析、主题标引等智能化的信息处理技术，将理论与实践紧密结合，推动知识组织在科研项目管理中的场景化、智能化应用。注重理论体系性、操作可行性、学科交叉性并开展实证研究是本书的重要研究理念。

当然，构建专家发现理论体系与应用系统并非易事，既需要理论研究和方法论证，又需要数据支撑和实验检验，但这也是图书情报工作者的用武之地和最佳舞台，课题组已具备较好的研究基础。2003—2010年，作者在中国社会科学院语言研究所、北京师范大学中文信息处理研究所求学期间，较为系统地学习了自然语言处理专业知识，特别是在知识工程、语言学理论方面得到较好的专业训练，为开展知识组织研究奠定了良好的技术基础，扩大了学术研究视野。更幸运的是，2010—2019年，作者在中国科学技术信息研究所任职期间，在知识组织研究和应用方面积累了较为丰富的经验。自2010年起，主要从事"汉语主题词表""STKOS 英文超级科技词表"等国家重大知识组织项目研究，对知识组织理论和工程化应用有切身体会。2015 年调入国家科技管理信息系统建设办公室，专职从事科技部国家科技专家库建设、科技大数据互联互通等重大项目，并参与"重大新药创制"等国家科技重大专项验收评审工作，对专家库在国家科技战略中的重要性有了更深的体会，并历练出了较丰富的科研项目管理经验。2019 年年底调入天津师范大学管理学院后，在新的团队有更多的理论思考和总结反思，各种机缘巧合下，遂有本书问世。做专家发现这件事当然有难度，但只要坚持奋斗，我们完全有条件、有能力做好这件利国利民的大事，何乐而不为？付出就有回报，厚积方能薄发，这本书算是过去 10 余年从事基础研究工作的阶段性总结。

知行合一，学以致用。从初入图书情报学门槛到现在，弹指间 12 年过去了，历经坎坷、百折不回而终有所获。这离不开各位领导、同事同行、朋辈好友和学生们的大力支持与帮助，在此我要真诚感谢每一个帮助、关心、鼓励我的人。在本书研究和写作过程中，得到了中国科学技术信息研究所各位领导和同事的大力支持。在与地方省市科技部门对接开展科技大数据互联互通专项工作中，该系统多次得到天津、浙江、山东、广东、陕西等 20 多个省市科技主管部门领导和同行的悉心指导与密切配合，得到科技部相关部门的大力支持，提供了富有启发意义的研究思路与方法指导。2019 年年底，本人调入天津师范大学管理学院工作，张庆红书记、刘冰院长、高洁教授、刘春茂教授、宋丽萍教授、王世文教授、贺颖教授、蒋冠教授、李福君教授、王凡俊教授、王曰芬教授、岑咏华教授、陈敬主任、翟羽佳主任、贾东琴主任、王树义副教授、霍亮副教授、毛志刚老师、吴芳老师、张辉老师、米国伟老师、祝庆轩老师等都对我的科研工作热情鼓励，让我时时感受到集体的温暖。我指导的硕士研究生曹丽珠、汪东芳、冯超慧、李怡然、何艳菲等同学也参与了许多重要的研究工作。科学技术文献出版社精心筹备、周到服务，确保本书高质量出版。我的家人长期以来在背后默默付出、鼎力支持，使我能够心无旁骛、潜心科研。纸短情长，无法一一列举,对大家的感激之情,岂是只言片语所能表达的?

尽管作者在研究中全力以赴、力求完美,但囿于作者能力和客观条件所限,倘若书中存在疏漏,概由作者负责,并希望专家和读者批评指正,我将虚心接受、努力改进,与大家共同携手推进我国知识组织和科技管理研究深度结合,创造无愧于新时代的优异成绩。

目　录

第一章　绪　论 ……………………………………………………… 001
　　1.1　研究背景 ………………………………………………………… 003
　　1.2　应用实践 ………………………………………………………… 006
　　1.3　理论基础 ………………………………………………………… 010
　　1.4　基本思路 ………………………………………………………… 014
　　1.5　研究内容 ………………………………………………………… 015
　　1.6　章节导读 ………………………………………………………… 021

第二章　专家发现：动因与模式 ……………………………………… 023
　　2.1　创新驱动发展战略与政策要求 ………………………………… 025
　　2.2　"反五唯"背景下专家发现模式 ……………………………… 028
　　2.3　专家发现中的计算模型 ………………………………………… 032
　　　　2.3.1　经典专家发现模型 ……………………………………… 033
　　　　2.3.2　基于话题模型的专家发现方法 ………………………… 033
　　　　2.3.3　基于网络社区问答的专家发现方法 …………………… 034
　　2.4　专家发现的数据基础 …………………………………………… 035
　　　　2.4.1　数据关联模型 …………………………………………… 035

2.4.2 专家画像 ……………………………………………………… 038
2.5 小结 …………………………………………………………………… 041

第三章 专家信息语义化组织模型 ……………………………………… 043

3.1 科技专家信息语义表示模型 ………………………………………… 045
    3.1.1 专家信息描述框架 ……………………………………………… 047
    3.1.2 专家信息聚合流程 ……………………………………………… 049
    3.1.3 RDF 语义化推理 ………………………………………………… 053
    3.1.4 小结 ……………………………………………………………… 058
3.2 专家研究专长发现 …………………………………………………… 059
    3.2.1 计算模型 ………………………………………………………… 062
    3.2.2 实验 ……………………………………………………………… 065
    3.2.3 小结 ……………………………………………………………… 071
3.3 同行专家发现 ………………………………………………………… 072
    3.3.1 计算模型 ………………………………………………………… 075
    3.3.2 数据实验：以"肿瘤学"为例 ………………………………… 079
    3.3.3 小结 ……………………………………………………………… 085
3.4 专家学术影响力与活跃度 …………………………………………… 086
    3.4.1 计算模型：标准化影响因子 …………………………………… 088
    3.4.2 实验分析 ………………………………………………………… 092
    3.4.3 小结 ……………………………………………………………… 099

第四章 知识驱动的专家发现辅助技术 ………………………………… 101

4.1 科研项目与专家的自动适配 ………………………………………… 103
    4.1.1 辅助标引算法研究框架 ………………………………………… 106
    4.1.2 实证研究 ………………………………………………………… 111

  4.1.3 小结 ·· 116

 4.2 专家潜在合作关系自动发现 ·· 117

  4.2.1 作者潜在合作关系挖掘 ·· 122

  4.2.2 实证研究 ·· 125

  4.2.3 小结 ·· 132

 4.3 基于叙词表的关键词共现网络优化 ·· 133

  4.3.1 关键词共现网络优化模型 ·· 135

  4.3.2 实证研究 ·· 136

  4.3.3 小结 ·· 142

第五章 科研项目评审专家发现原型系统设计与示范应用 ············ 145

 5.1 功能设计 ·· 147

  5.1.1 设计概述 ·· 147

  5.1.2 系统架构 ·· 149

  5.1.3 数据接口 ·· 151

  5.1.4 功能定义 ·· 152

 5.2 功能实现 ·· 155

  5.2.1 专家分组 ·· 156

  5.2.2 专家推荐 ·· 156

 5.3 服务模式：基于SOA架构和数据中台思想 ·· 159

  5.3.1 专家服务业务流程重组 ·· 159

  5.3.2 业务架构优化 ·· 161

  5.3.3 基于数据中台的专家信息汇聚与数据质量管控 ·· 162

第六章 总结与展望 ·· 165

 6.1 主要进展 ·· 167

6.2　未来展望 …………………………………………………… 169

附录　科技专家数据描述规范 ………………………………… 171

参考文献 ……………………………………………………………… 189

图表目录

图 1-1　共现知识网络构建：以"骨肿瘤"和"肺肿瘤"
　　　　为专长的专家分布 ………………………………… 016
图 1-2　跨层次的知识组织与映射计算框架 ………………… 018
图 2-1　项目评审一般流程 …………………………………… 027
图 2-2　人员胜任力冰山模型 ………………………………… 030
图 2-3　CERIF 数据关联模型 ………………………………… 037
图 2-4　项目评审专家立体画像 ……………………………… 040
图 3-1　专家描述框架 ………………………………………… 050
图 3-2　科技专家数据采集加工流程 ………………………… 051
图 3-3　科技专家规范结构图 Schema ……………………… 052
图 3-4　专家信息 XML 文件的自动验证 …………………… 053
图 3-5　关系型数据库存储 …………………………………… 053
图 3-6　开发代码示例 ………………………………………… 057
图 3-7　专家信息查询语句（电话号码：020-81340319）… 057
图 3-8　术语分布计算流程 …………………………………… 066
图 3-9　2000—2017 年幂指数变化趋势 …………………… 070
图 3-10　领域知识网络两步聚类法总体流程 ……………… 076
图 3-11　聚类结果概要 ……………………………………… 080

图 3-12	关键词对聚类结果的贡献值	082
图 3-13	聚类分析树状图	084
图 3-14	专家学术影响力评价技术流程	090
图 3-15	h 指数和 NIF 指数变化趋势对比	093
图 3-16	高 h 指数专家样本数据中 NIF 指数变化趋势	094
图 3-17	NIF 指数分布的学科差异趋势对比	098
图 3-18	同一学科不同专家样本 NIF 值变化趋势对比	099
图 4-1	基于用户自然标注的 TF-IDF 辅助标引算法的技术路线	107
图 4-2	用户自然标注词表构建过程	111
图 4-3	用户自然标注词表	112
图 4-4	科研项目数据关键词标引与分类号标引部分结果	113
图 4-5	科研项目数据人工标引部分结果	113
图 4-6	"机标分类号"与"人标分类号"前 3 位一致的实验结果	114
图 4-7	基于 LDA 的关键词—主题—作者关系	123
图 4-8	LDA 主题模型的工作原理	124
图 4-9	共现网络的等同、等级和相关关系归并过程示意	136
图 4-10	关键词共现网络优化模型	137
图 4-11	部分节点关系网络	138
图 4-12	游离散点组	139
图 4-13	分支较长组优化处理方式	140
图 4-14	关键词共现网络优化效果对比	141
图 5-1	项目评审专家约束条件遴选流程	148
图 5-2	科研项目评审专家抽取模式	149
图 5-3	专家遴选总体架构	150
图 5-4	输入数据要求及样例	151

图 5 - 5　术语计算与同行专家抽取过程 …………………………… 153

图 5 - 6　专家研究特征表示功能：主题与向量表示 ………………… 153

图 5 - 7　领域词识别功能 ………………………………………… 154

图 5 - 8　专家推荐流程系统界面 ………………………………… 155

图 5 - 9　专家分组系统界面 ……………………………………… 156

图 5 - 10　专家基本信息界面 ……………………………………… 157

图 5 - 11　专家筛选条件和回避关系界面 ………………………… 157

图 5 - 12　专家发现系统架构设计 ………………………………… 162

图 5 - 13　数据中台服务方式 ……………………………………… 163

附图 1　数据元标记规范 ………………………………………… 188

表 3 - 1　4 个模型的拟合检验和参数评估 ………………………… 068

表 3 - 2　2000—2017 年幂指数统计 ……………………………… 069

表 3 - 3　关键词对聚类结果的重要性 …………………………… 081

表 3 - 4　关键词聚类归并计算过程 ……………………………… 083

表 3 - 5　6 组专家的 h 指数和 NIF 指数比较分析 ………………… 095

表 4 - 1　肿瘤领域文献高产作者（部分作者示例） ……………… 125

表 4 - 2　肿瘤领域 181 位作者—关键词数据（部分作者示例） … 126

表 4 - 3　某 4 位作者的词频与 TF-IDF 值 ………………………… 127

表 4 - 4　tokens 的关键词权值（部分） …………………………… 127

表 4 - 5　作者在研究主题上的分布概率 ………………………… 128

表 4 - 6　基于 LDA 模型的作者相似度矩阵 ……………………… 129

表 4 - 7　作者潜在合作关系权重值（部分作者示例） …………… 130

表 4 - 8　作者文献关键词对比 …………………………………… 131

表 4 - 9　优化前后网络密度变化 ………………………………… 142

附表 1　规范性引用文件 ………………………………………… 173

附表 2　科技专家基本信息 …………………………………………… 178

附表 3　科技专家工作履历信息 ……………………………………… 183

附表 4　科技专家教育信息 …………………………………………… 184

附表 5　科技专家社会/学术兼职信息 ………………………………… 185

附表 6　科技专家学术评审信息 ……………………………………… 186

附表 7　科研人员数据元属性 ………………………………………… 187

第一章 绪 论

专家是宝贵的人才资源，对专家信息的研究和应用是知识组织研究的重要内容。本章重点对研究背景、应用实践、理论基础、基本思路和研究方法进行介绍，并对章节结构进行导读。

1.1 研究背景

专家是指对某一门学问有专门研究或者擅长某项技术的人员[①],在科学研究、项目评审、成果转化、决策咨询等方面发挥着举足轻重的作用。科研项目特别是国家重大科研项目,通常具有学科跨度大、影响面宽、专业性和创新性强等特点,往往需要依靠具有更高学术权威性、专业相关性和研究活跃度的同行评审专家进行评审,并通过专家更新机制和回避机制实现客观评审。2014年,国务院发布了《关于改进加强中央财政科研项目和资金管理的若干意见》(国发〔2014〕11号)[②],明确提出了"基础、前沿类科研项目要立足原始创新,充分尊重专家意见,通过同行评议、公开择优的方式确定研究任务和承担者""建立专家数据库,实行评估评审专家轮换、调整机制和回避制度",对专家库的建设和使用提出了更高的要求。

目前,通过专家自主申报、人工审核等方式,我国已经构建了具有较大规模的全国科技专家信息库,用于支撑国家重点研发计划、国家科技重大专项、

---

① 现代汉语词典[M]. 7版. 北京:商务印书馆,2016.
② 国务院. 关于改进加强中央财政科研项目和资金管理的若干意见(国发〔2014〕11号)[EB/OL]. [2021-07-19]. http://www.gov.cn/zhengce/content/2014-03/12/content_8711.htm.

国家自然科学基金等科技计划项目的评审，初步实现了专家信息抽取、关系回避等，较好地支撑了科研项目的评审和管理，产生了积极的反响。但由于管理主体对信息的可控性不强，导致难以对专家信息质量准确辨识，更新也比较困难；部分专家库通过对专家发表的论文进行统计，根据其文献数量、h 指数等辅助判断其适配性，容易量化、易于操作，但单纯依靠文献数量实现专家判断难免有失偏颇，不够精准和客观。因此，对专家库的建设和应用方法还需要进一步研究。

知识组织是使知识有序化的过程，知识组织的水平往往决定了数据资源的服务能力，这一原理对专家发现研究具有重要指导作用。从知识组织的角度来看，科研项目评审专家库的建设和应用需要重点解决两个关键问题：①专家信息组织方式有待深入，需要结合知识组织理论和科研项目管理的特定需求，形成语义化的专家信息组织方式，以更高的精度发现细分领域、新兴学科、交叉学科等"小同行"评审专家；②专家信息更新速度较慢，需要以知识组织理论为基础、以多种真实数据为支撑，对专家研究专长、科研合作关系、科学前沿热点等进行动态监控和快速更新，提高时效性。这两个问题可以归结为专家发现（Expert Finding），即如何快速、自动、精准地发现具有高度相关性的领域专家，以促进科研项目的精益化管理和科学决策。

需要指出的是，本书对"专家""人才"两个概念力求遵照国家政策文件中的含义。《国家中长期人才发展规划纲要（2010—2020 年）》指出，"人才是指具有一定的专业知识或专门技能，进行创造性劳动并对社会作出贡献的人，是人力资源中能力和素质较高的劳动者"，杜红亮等提出"就目前而言，该规划对科技人才的定义是中国目前最清楚而且最具有可操作性的定义"[1]，本书也赞同这一定义和观点，并将专家与人才的内涵保持一致，并不刻意区分，读者

---

① 杜红亮，赵志耘. 中国海外高层次科技人才政策研究［M］. 北京：中国人民大学出版社，2015.

可以结合上下文语境理解。按照专家从事的研究领域，可以分为科技类专家和人文社科类专家两种主要类型，本书以科技领域的专家作为主要对象，重点服务于科技计划项目的管理，相关理论、方法和技术对人文社科领域专家与科研项目的组织管理也具有一定的参考价值。

1.2 应用实践

专家信息一般存放在数据库中，以专家库形式支撑项目评审服务。现有的专家库基本可以分为三类：第一类为高校或机构所构建的机构知识库，该类型的专家库主要以机构官网为信息采集渠道，然后将本机构的专家简历信息建成数据库，有助于开展智库服务；第二类是政府相关管理部门所建立的公共服务专家库，主要采用行政手段进行征集，由专家自行申报、科研管理部门审核，逐步形成专家库，然后依靠专家填写的职务职称、人才称号等数据项进行遴选，用于科研项目评审、人才评价和科技决策咨询等场景；第三类是文献情报机构或大数据研发机构设计的人才库，此类专家库往往从开源数据中采集人员信息，建立专家基本信息，并与文献等数据进行关联，从而提供专家人才评价、论文同行评议、科研机会推荐等服务。以上3种类型的人才库各有特色，为本书开展科技项目评审专家库的建设提供了有益的参考与借鉴。

（1）智库机构型专家库

机构知识库或研究智库一般采用元数据的组织方式，对各个专家信息进行收集统计，包括姓名、籍贯、学位、研究方向、发表论文、获得奖励等，对这些信息一般进行分类存放，如按照姓名、专业、任职机构、研究方向等，往往以学术简历的形式呈现在官网中。专家信息一般是由机构内部组织和审核，信息具有较高的真实性，大部分公开发布和使用，部分高端智库还提供高质量的学术信息服务。例如，北京大学机构知识库、中国科学院机构知识库等，具有数据准确度高、更新较为及时等优势。

（2）公共服务型专家库

政府科研部门也建设了人才库。例如，巴西人才库 Lattes 系统是一个为科技人员、教育人员、学生、研究团队和学术机构提供服务的科技人才履历表数据库，该平台由履历表、机构名录、研究团队名录和展示分析板块 4 个部分构成。任何人都可以在 Lattes 平台上建立自己的履历表，履历表分为前端操作和后端操作两个部分，前端操作由用户自行填写真实的履历信息并在 Web 页面上列出，其履历格式是统一的，包括专业人员简单介绍、工作单位、研究方向、教学内容、科研项目、出版书籍、参加过的会议、指导学生情况等。后端操作是针对专业人员的，该平台为专业人员提供了检索、注册和登录 3 种功能，检索界面提供了葡萄牙语、英语双语的检索入口，用户可以对履历表进行姓名、专业领域、国别字段等的限定检索及全文检索[①]。

Lattes 人才库基于 Web2.0 网络大数据资源，与巴西其他基金管理机构系统整合，成为一个跨地区、跨部门、跨平台的国家级科技信息系统，具有辅助决策的作用，它为巴西科技教育部门、基金管理机构、科研院所制定规划提供了帮助，如通过 Lattes 平台的履历表信息，可以在业内选择专家小组，并进行科研评估与管理。同时，该平台也具有管理方和用户双向动态开发的功能，人才库中的履历表信息实时更新，信息价值大，每天都有来自世界各地的用户进行访问查找。

上海科技创新资源数据中心开发的全球高层次科技专家信息平台于 2017 年 6 月 28 日正式开通上线。该平台通过和爱思唯尔合作，将其拥有的引文和摘要

---

① 高晓培，武夷山，李伟钢. 巴西人才库 Lattes 平台在优化科研和教育管理中的作用及其借鉴意义［J］. 全球科技经济瞭望，2014，29（7）：32-42.

数据库——Scopus 数据库，经过大量筛选和加工处理建立起专家库，覆盖了自然科学、生命科学、医学与社会科学等学科领域，主要收录国际顶级奖项如诺贝尔奖、沃尔夫奖、图灵奖等获奖者，发达国家科学院、工程院等院士，国际顶级学会会士及我国重要人才计划、国家协会理事等专家，除人员基本信息外，同时标注了每位专家的文献计量学指标，如总发文数、总被引数、H 指数、FWCI 指数、1% 高被引、10% 高被引等[①]。通过可视化的方式对学科占比、区域分布（国家和地区）进行了形象的展示，并开发了基于知识图谱的专家学术画像、人才评价体系、发布引才清单和学术评估报告等功能，为政府、高校、科研院所和科技企业在人才引进、人才评估、专家评审、数据统计、趋势研究、科技合作等方面提供了信息支撑服务。

（3）学术服务型专家库

图书情报机构拥有大量的数据资源，可以从论文、专利、报告中抽取出专家资源，形成专家库。万方学者库、Elsevier 审稿专家库等各具特色的专家库可用于人才评价、论文同行评议等场景。由清华大学计算机科学与技术系唐杰教授团队建立的科技情报大数据挖掘与服务系统平台 AMiner，通过大规模文献数据资源对全球科研人员开展学术评价与监测，为开展科技前沿追踪、领域专家发现、科技发展战略规划等提供科技情报服务。

AMiner 平台自动从互联网开放数据中抽取学者信息，建立了学者档案，以科研人员、科技文献、学术活动等数据为基础，构建三者之间的关联关系，面向全球科研机构及相关工作人员，提供一系列的知识服务，包括：支持按权威度、地域、语种、性别等过滤条件的专家发现，按 H 指数、论文数、引用数、活跃度、社交性、领域多样性等进行学者成果多维评价，学者历年研究兴趣发展变化趋势分析，以及学者语义信息抽取、学者档案管理、权威机构搜索、话

---

① 刘晋元，张贵红，王茜. 上海"全球高层次科技专家信息平台"建设与服务探讨[J]. 中国科技资源导刊，2019，51（2）：99-102，110.

题发现与趋势分析、基于话题的社会影响力分析、即时社会关系图搜索、文献与审稿人推荐、学者的线上社交及交互式文献阅读等多种功能及知识服务。

上述实践表明，公共管理部门、图书情报机构、科研机构已经积累了大量科研人员信息，并基于人名、机构等数据项进行了数据关联整合和服务，同时专家信息聚合度和更新时效性有待提高，跨部门、跨领域、跨层级的数据关联和决策服务仍存在一定的"数据鸿沟"现象。究其原因，科研人员信息具有显著的开放性、动态性、关联性特征，科研人员信息组织不仅是数据层面的整合或者集成，而且是大数据环境下语义化的知识组织，具有语义多维、数据多源、结构异构、用户需求多样甚至跨语言等突出特点，更加强调语义导向的信息重组、业务重塑和服务增值。

1.3 理论基础

知识组织为人员信息的组织提供了良好的理论视角和研究切入点，为大数据环境下深化和优化以科研项目评审需求为中心的专家发现提供了可行方案。知识组织（Knowledge Organization）是"以知识为对象的诸如整理、加工、表示、控制等一系列组织化过程及其方法"[①]，由于知识组织工具既具有语义化、有序化的知识表示模型和理论基础，适于对专家信息进行有效关联和扩展，又与海量文献紧密关联，能够在大规模真实文献数据基础上实现客观、动态的专家信息监测与验证，这为科研项目评审专家的精准发现和快速更新提供了良好的理论基础和技术支撑。因此，从知识组织的角度对科研项目评审专家信息进行有序化组织和语义化管理，有助于提高专家发现的精准性，对进一步做好专家发现、优化科研管理、促进科研创新等业务应用具有重要的理论意义和应用价值。

专家信息作为与专业知识紧密关联的一类特定知识，在理论、方法和技术实践上具有较强的可行性。传统上，图书情报界基于规范控制理论，通过建立

[①] 全国科学技术名词审定委员会. 图书馆·情报与文献学名词 [EB/OL]. [2018-06-20]. http://www.cnctst.cn/sdgb/sdygb/201705/t20170508_371983.html.

人名规范文档,按照一定规则实现对人名的规范控制,形成权例式的知识组织方式,如 OCLC 联合编目计划、《汉语主题词表》附表等,主要用于文献编目、歧义控制等;或者将专家姓名作为实例词(Instance)与知识组织工具中的概念挂接,实现与领域本体 Ontology 的关联,如国际顶层本体 SUMO、美国 wordnet 等,一般以概念为主,收录人名数量不多,用于在特定学科领域实现文献的自动标引和检索服务。上述工作主要通过手工方式建设,适用于特定专业领域的文献管理。近年来,在语义网、大数据、关联数据等理论的推动下,在开放信息环境下对各类实体对象自动进行语义化描述与关联已经引起重视,如 DBpedia、Yago 等大型知识库及 Google 等搜索引擎,大量采用自然语言处理和文本挖掘技术,从大规模文本数据中自动抽取人物属性和关系,构建非专业领域的知识图谱(Knowledge Graph),成功用于信息检索、自动推理、信息推荐等领域。面对数量巨大、专业复杂、动态变化的专家群体,基于知识组织的概念和语义关系模型,构建语义关联紧密、共享方便、更新快捷的领域专家学术关系网络,从海量文献中快速、准确地对专家信息进行组织和发现,并应用于科研项目的评审与管理,成为当前知识组织领域的重要研究课题。因此,知识组织理论为实现专家信息的语义化描述、发现和智能化推理提供了更坚实的支撑,是本书的理论基础。

大数据(Big Data)时代,多源异质、结构松散的大数据给知识组织带来了新挑战,知识组织研究和应用正呈现出新的动向,发生了"柔性化"、"精细化"和"自动化"这 3 个显著变化,对专家发现也具有指导意义。

① 柔性化。知识关联已经从传统的逻辑因果关系逐步转变到数据相关关系,呈现出柔性化趋势。尽管每种知识组织工具都有其预定的语义框架和关联关系,但现实中知识的关联更多的是概率上的或然性而非逻辑上的必然性,通过文本挖掘等技术,可以弥补逻辑因果关系造成的知识偏离,发掘客观、普遍而深入的知识关联体系。从应用上来说,知识组织作为一种实用工具,往往把现实应用目标放在首位,并通过技术手段逐步逼近"精准""智能"等远期目

标。近年来，用户自主标注关键词（标签）、大众分类法、网络百科等传统上被视为"非规范"的柔性化知识组织方式，已经突破了分类法、叙词表、本体等近乎苛刻的知识组织体系，具有相当广泛的用户基础，其原因之一是大数据环境下知识组织逐步从传统的"规范控制"转向"开放关联"，从阳春白雪的"学院派"走向雅俗共赏的社会大众。因此，大数据环境下，柔性化的知识组织方式不仅符合知识内在的逻辑要求，也是用户自由、有效获取知识的现实需要，将为知识组织和专家发现带来深刻变化。换言之，专家发现的实质是语义驱动的知识关联性计算过程，科研项目评审与专家的关联程度应该是知识层面的柔性化关联、近似逼近的过程。

② 精细化。从强调显性知识描述转变到重视潜在语义关联，逐步实现精细化。传统上，由于受到技术条件的限制，人们往往聚焦于某一特定领域开展比较深入的知识组织，侧重于对明确、共识性的知识进行记录，但对于隐含、非共识的知识一般很少涉及，这会造成一定的知识损耗。而大数据环境下，人们有望对知识进行"穷形尽相"的描述，实现对知识进行全方位、立体式的描述。借助于自动聚类、自动分类、知识单元抽取和可视化等技术的支撑，知识之间的多维关联比较容易揭示，知识的关联性大大提高，更加致密、紧凑的"知识网络"已经清晰可见。在潜在语义关联挖掘方面，专家发现和知识组织具有天然的共同契合点。专家作为最活跃的知识因子，其研究专长、合作关系、活跃程度往往是隐含的、或然性的，对专家信息进行多维度的精细"画像"，可以揭示数据背后的深层次信息，实现科研项目评审专家的精准推荐。

③ 自动化。专家库建设与应用从主要依靠专家手工作业转变到以机器为主的智能化知识发现、推理与重组，走向自动化。大数据环境下，深度学习等技术显著降低了传统算法的复杂度，通过一些简易的算法对大规模专家库、术语库或互联网资源进行文本挖掘，其计算效果不低于传统的复杂算法，而成本则显著降低、更新速度明显加快，有助于将管理部门从繁杂、低效的专家库建设工作中解脱出来，聚焦到人才评价、推荐等核心业务工作上，二者相得益彰、

相互促进，共同形成良性的"数据智能"。专家发现得益于自动化的知识组织手段，实现快速更新、智能化推理和人才监测①。具体表现在，专家信息的更新速度有望显著提高，服务范围和应用场景进一步扩大，研究采用自然语言处理等技术进行专家信息挖掘和更新，可以更好地满足科研项目评审的现实需要。

  同时应该看到，知识组织的基本目标、理念和方向保持了稳定，并未发生根本性变化，专家发现本质上是知识组织原理的场景化应用与延伸，二者道理相通。表现在：知识组织目标是通过知识的深度组织和关联，实现知识有效服务，这一目标没有变化；知识组织的核心是词语（术语）和语义关系，术语和语义关联性是实现知识关联、重组和利用的重要基础，是所有知识组织工具的共同点，这一理念并未变化；知识组织工具本质上是机器可读、人机两用的语义知识库，使计算机能够"理解"人类的语言交流意图，从而更加智能地反馈给用户需要的信息，这一方向也没有发生变化。因此，以知识组织为基础、以专家信息为切入点，能够找到专家库与知识组织工具的"最大公约数"，将专家发现与知识组织理论紧密结合，构建符合大数据要求的新型知识组织理论和方法体系，这在理论上是可行的。

---

  ① 赵伟，彭洁，屈宝强，等. 构建我国科技人才信息宏观监测体系的思考与建议［J］. 中国科技资源导刊，2015，47（3）：67-72.

1.4 基本思路

在研究和应用过程中，本书突出语义化、网络化和动态化3个方面。

① 动态构建、精准服务，形成以"人"为中心的知识组织。以用户自主标注的关键词数据为基础，借助统计分析和数据挖掘技术，能够快速有效地识别专家专长、发现同行专家，解决专家标识过于宽泛、缺乏语义关联等问题，有效支撑大数据环境下的专家发现服务。针对关键词网络模糊性、非结构化及语义关系弱等问题，提出了利用叙词表的等同、等级、相关等语义关系对其进行优化约束的方法，降低了噪声数据对实验的影响。

② 多层关联、有效整合，形成知识驱动的专家发现方法。实现人员、主题、成果3个层面的跨网络构建，更好地解决传统上不同类别的知识网络语义关联不足的问题，提高知识网络的致密性。将LDA主题模型的"文档—主题—词汇"与知识网络结合，构建作者—关键词—研究主题网络模型，进而提出作者潜在合作关系识别方法，对专家学术影响力和合作关系网络进行发现。

③ 应用驱动、自动更新，直接支撑科研项目评审业务。基于专家成果数据进行研究专长提取、选择与度量，引入了术语计量分析、引文分析、社会网络分析等方法，结果具有较强的可计算性，适应大数据环境下专家发现的现实要求，提升了专家研究方向和项目需求的匹配度，适应项目评审实际应用场景，直接支撑科研项目评审业务。

1.5 研究内容

（1）专家信息语义化组织框架构建

针对我国科技专家库分散建设、共享困难等问题，以知识组织理论为基础，构建了科技专家语义模型，从6个方面将分散、异构的专家信息进行语义化描述、关联与聚合，并采用RDF进行形式化描述，最终生成具有较强规范性和语义关系的专家信息库，为实现异构专家信息的共建、共享与互联互通提供坚实基础。

基于RDF三元组模型，重点对专家、主题、文献关键词进行统一描述与语义限定，为专家关系网络构建提供有效的知识基础。实验结果表明，采用知识组织模型和方法能够在语义层面实现专家信息的多维度语义化描述，有效提升了知识关联性，在专家库建设、专家发现和智能推荐等方面提供了可靠的知识基础。

以术语知识库和知识组织工具为基础，可以有效找到"小同行"专家。借助知识组织工具的语义关系，如范畴、同义词、相关词等，可以将专家的研究方向映射到知识组织工具，并进行推理。同时，采用共现计算技术在大规模科技文献中进行快速计算，形成关键词共现网络，提高知识网络的关联度。然后，对复杂网络进行聚类划分，形成多层次、多维度的知识关联，按照关联强度计算专家的学术关联性。具有相同或相似研究方向的专家自动聚集在一起，还可发现特定领域专家，如在图1-1中，"骨肿瘤""骨髓肿瘤"等方向的"小同行"专家群体关联性比较强；少部分专家在"骨肿瘤"和"宫颈肿瘤"两个差异较大的方向上具有交集，形成跨学科专家群体。

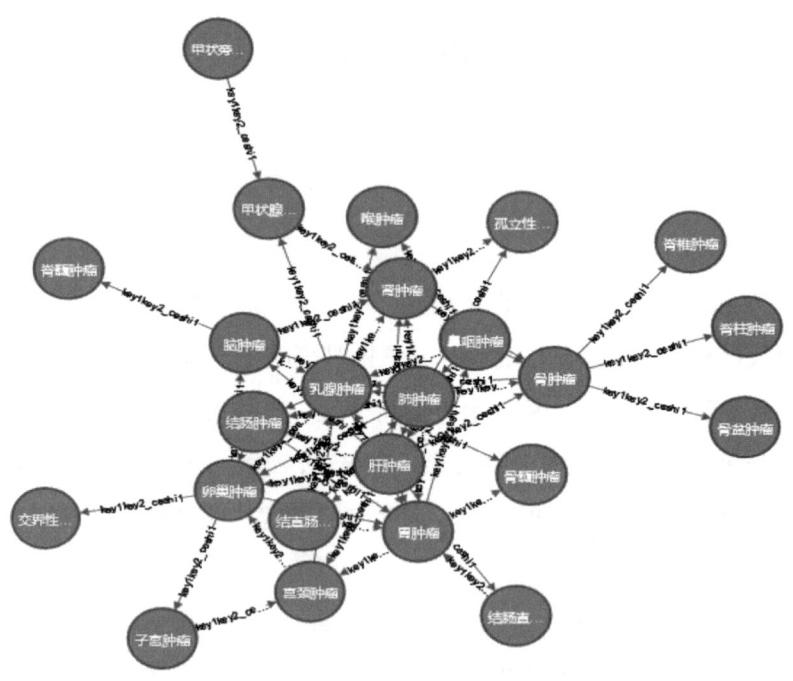

图1-1 共现知识网络构建：以"骨肿瘤"和"肺肿瘤"为专长的专家分布

本书采用网状结构的Neo4j图数据库，以实现对真实场景下百万级知识节点的存储、关联和可视化展示，形成符合用户认知习惯的知识表示形式。对跨网络的知识节点进行关联和映射，形成智能化的精准推荐。

（2）专家研究专长发现模型：基于用户自然标注术语聚类的高相关度"小同行"专家发现

本书从用户自然标注角度研究了专家标注关键词分布规律，提出了专家特长描述方法。采用 SPSS 软件对高频词分布规律进行计量统计，为专家研究专长的术语标签提供了可量化的参考依据，适用于对专家研究专长的准确描述，具有符合用户认知习惯、更新速度快、灵敏度高等特点，适用于表征专家的研究专长。研究了专家用词自动聚类方法，引入了术语两步聚类方法，设计了术语遴选、两步聚类和评价迭代聚类流程，对文献分类与专家分类进行集成与互通，形成"小同行、细分类"的专家信息分类框架。在此基础上，将用户自然标注术语与叙词表进行映射，实现专家与知识组织工具专业概念自动关联和语义推理。实验表明，术语、叙词表等知识组织方式是大数据环境下实现专家发现的有效手段，有助于提高领域专家发现的智能化水平，以自动化方式动态揭示专家之间的学术关联性，准确发现具有更高相关度的"小同行"评审专家。

（3）专家影响力识别与判定方法：基于概念关系网络和 NIF 指数的高影响力专家识别与判定

采用语义化的社会关系网络方法，以网络图的方式揭示专家之间的合作关系和领域特长，建立专家影响力发现模型。从人名、主题、成果 3 个维度建立专家发现模型，对专家之间的合作关系、回避关系进行精确识别。基于概念与专家的关联关系，发现领域相同、相关或互补的专家，形成文献与算法双重驱动的专家自动识别、发现和判定方法。通过研究文献中的人名与分类、主题、关键词三者的有效关联方法，实现专家实例与知识组织工具概念的多维度近似映射，基于概念关联实现高相关度的"小同行"专家发现。采用社会关系网络方法，以图的方式揭示专家之间的合作关系和领域特长，建立专家影响力发现模型，基于概念关系网络实现高影响力专家的识别与判定。研究语义约束的知识网络构建方法，形成更加精准、简练、有效的知识关联，生成具有明确的语义导向性和内在关联性的专家关系网络，提高专家发现的准确度。最终，将专家、主题（领域）、成果进行深度聚合，实现跨层次的知识关联和发现，以便更准确地推荐相关的领域专家（图 1-2）。

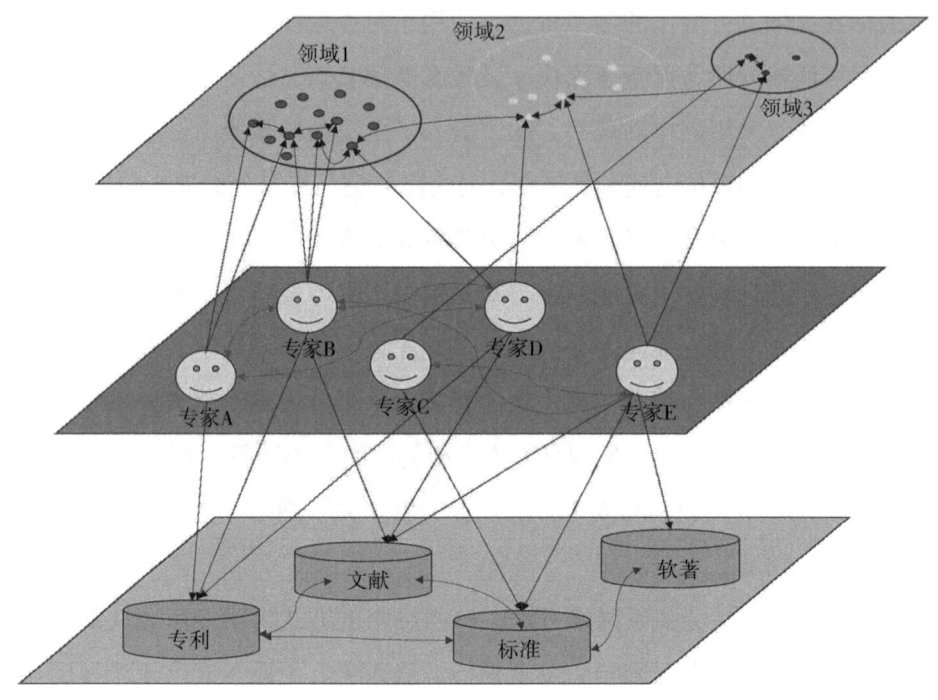

图 1-2　跨层次的知识组织与映射计算框架①

此外，为加强对专家学术影响力评价、支撑专家推荐等应用，引入了基于 NIF 指数的专家学术影响力评价算法，设计了计算模型和流程；通过对专家产出文献数据进行标准化处理，形成可量化、易更新、精度相对较高的领域专家学术影响力评价方法。以"肿瘤"领域为例，从论文被引用次数、论文数量、参考文献数量、单篇最高被引频次 4 个角度开展实证研究，在灵敏度、区分度和适用性方面都有较大提高，有助于提高专家评价和推荐效果。进而，在大规

---

① 双向箭头方向表示两个数据源是双向关联关系。单向箭头表示该专家与特定文献对象、研究领域的对应关系。

模文献中对权威专家的影响力进行识别和验证，并结合语义关系进行排序，以准确发现高影响力的权威专家。

(4) 知识驱动的专家发现辅助技术：自动化、动态化的专家发现

从科研项目评审需求出发，研究基于用户自然标注的 TF-IDF 辅助标引算法。首先以核心期刊论文中作者标注的关键词和分类号为源数据，对关键词词频进行统计，使用 TF-IDF 辅助标引算法构建用户自然标注词表，形成标引知识库；然后使用 TF-IDF 辅助标引算法和位置加权算法提取科研项目数据的特征词，最终实现对科研项目数据进行关键词和分类的同步标引。实验结果表明，机标关键词与人标关键词的相似比在 60% 以上的科研项目数据占总数的 68.1%，机标分类号与人标分类号前 3 位一致的占总数的 83.9%，结果表明基于用户自然标注数据并采用 TF-IDF 辅助标引算法在关键词和分类标引方面是可行的，有助于实现科研项目与评审专家的双向适配。

基于 LDA 主题模型计算专家相关度，发现专家深层次的潜在合作关系，为专家发现提供更多的支持。利用 LDA 主题模型构建"文献—关键词—研究主题"3 层结构专家潜在合作关系模型，基于专家研究主题分布得到专家的相关度，进而挖掘专家潜在合作关系，实验结果表明该方法有较高的准确性，对专家库建设、专家推荐及科研项目同行评议具有重要参考价值。

为了更好地支撑项目信息标引、专家潜在合作关系发现等应用，通过叙词表等现有知识组织工具对术语共现关系进行了优化和改进。利用叙词表来约束共现网络，提出了基于叙词表优化关键词共现网络的方法，通过叙词表的等同、等级及相关关系对网络进行收敛，并对优化前后的网络特征进行分析比较，提升了共现网络知识关联性和规范性。实验表明，基于叙词表语义关系有助于优化共现网络，提高共现网络的中心聚集度和密度，为专家发现提供更为规范、可靠的知识支撑。

（5）面向科研项目评审业务需求，开展示范应用服务，形成了专家推荐系统、数据和规范

采用本书提出的知识表示框架和专家发现方法，以用户自然标注术语进行自动聚类、语义关联，将文献中的作者信息映射到语义关系网络，通过词表中的语义关系传导、范畴归并等实现专家学术关系监测、研究专长识别与影响力评估，建立专家实例与专业知识的语义化双向关联，构建网状的专家多维关系网络，并结合文献的引用关系、专家承担项目信息等，对专家发现结果进行加权排序、综合评测和持续优化，辅助支持科研项目评审专家的抽取和轮换；基于文献主题分布，对专家研究方向的关联度和专注度进行判定，以量化方式进行揭示，并动态评估和更新专家活跃度，以推动评审专家轮换和回避等，服务于国家科研项目评审的新需求，支持项目个性化推送、专家回避、专家信用识别等应用。

1.6 章节导读

本书共分为6章，按照需求驱动、理论构建、技术实现、系统设计等4个逻辑模块顺序进行介绍，形成较为完整的知识体系；读者也可以采用"碎片化"阅读的方式，选择感兴趣的章节按需阅读。

第一章为绪论，对本书的背景、内容、方法和意义进行了概括性的介绍，读者可以借此了解本书的基本线索和思路，理解知识组织与专家发现内在的逻辑关系。

第二章是对专家发现的动因与模式进行了研究，从科技战略规划与政策、研究现状和未来趋势探讨了科研项目评审中的专家发现业务需求，特别是从科研管理政策要求和项目管理业务需求层面，梳理出科技专家发现业务应用场景，对科研项目评审专家的现实需求进行分析，并结合当前人才发现研究存在的问题，重点探讨大数据环境下"知识驱动的人才画像"方案。

第三章是从知识组织理论的角度，对科技专家的组织和描述方式进行建模，重点对专家的研究专长、学术影响力、同行关系进行研究。采用RDF进行形式化描述和智能化推理，对专家专长的术语分布规律进行统计，采用聚类方法发现同行专家，为研究专长识别和精准发现"小同行"专家提供理论基础。研究发现，术语作为各类知识组织系统的最大公约数，是知识组织与人才发现的连接点。最终，提出了6个主要论断，即知识描述标准化、知识组织柔性化、知识计算形式化、知识更新自动化、服务系统模块化、知识发现场景化，其用于指导专家发现技术与应用研究。

第四章是基于术语计算技术，提出知识驱动的专家发现辅助技术。从科研项目评审需求出发，研究基于用户自然标注的 TF-IDF 辅助标引算法。采用语义化的社会关系网络方法，以网络图方式揭示专家之间的合作关系和领域特长，建立专家影响力发现模型。从人名、机构、研究主题3个维度建立专家发现模型，对专家之间的合作关系、回避关系进行识别。基于概念与专家的关联关系，发现领域相同、相关或互补的专家，形成文献与算法双重驱动的专家自动识别、发现和判定方法。

第五章设计了专家发现原型系统。采用本书提出的知识表示框架和专家发现方法，以国家某科技管理信息系统为实验平台，利用专家自然标注关键词进行自动聚类、语义关联，将文献中的作者信息映射到语义关系网络，通过叙词表和机器学习技术实现专家潜在合作关系监测，并结合文献的引用关系、专家承担项目信息等，对专家发现结果进行加权排序、综合评测和持续优化。该系统从知识组织角度对评审专家的研究专长、合作关系等进行识别，辅助支持评审专家的轮换和回避；基于文献主题分布，对专家研究方向的活跃度和专注度进行判定，并动态评估和更新专家活跃度指数，以服务于国家科研项目评审的多样化需求。最后，探讨了采用 SOA 架构和数据中台的设计理念，从用户出发，形成多功能、多场景、可视化的服务模块。"互联网+专家推荐服务"的新型结构，为开展跨部门、跨区域、跨领域的专家发现服务提供了更多可能。

第六章对本书进行了总结，并展望未来研究趋势。从"互联网+政务服务"的角度，本书以解决科研项目评审中的专家发现问题为核心，从科技发展战略与政策需求、专家信息组织、知识挖掘和信息系统建设等角度进行层层深入，希望以全链条、细粒度、场景化、智能化的专家推荐与服务赋能科研管理、助力科技创新，助力实现我国高水平科技自立自强。

第二章

专家发现：动因与模式

科技和人才正日益成为国际战略博弈的主战场。本章主要从科研管理政策、科技人才理论、大数据技术、人才专家库建设实践等 4 个维度来说明科研项目管理中专家发现的必要性和可行性。其中，科研管理政策是人才发现的时代背景，科技人才理论是学理基础，大数据技术是技术路线，人才专家库建设实践则是数据基础和服务载体。在科技政策和人才理论指导下，从知识组织视角开展科研项目评审专家发现研究，以奠定理论基础。

2.1 创新驱动发展战略与政策要求

人才是第一资源，创新是第一动力。2021年中央人才工作会议指出，深入实施新时代人才强国战略，加快建设世界重要人才中心和创新高地，要完善人才评价体系，加快建立以创新价值、能力、贡献为导向的人才评价体系，形成并实施有利于科技人才潜心研究和创新的评价体系，建立以信任为基础的人才使用机制。党的十九大以来，实施创新驱动发展战略、加快建设创新型国家成为共识。《中华人民共和国国民经济和社会发展第十四个五年规划和2035年远景目标纲要》提出，坚持创新驱动发展，全面塑造发展新优势。我国坚持创新在现代化建设全局中的核心地位，把科技自立自强作为国家发展的战略支撑，深入实施科教兴国战略、人才强国战略、创新驱动发展战略，完善国家创新体系，加快建设科技强国，培养造就一大批具有国际水平的战略科技人才、科技领军人才、青年科技人才和高水平创新团队，创新驱动发展战略和人才强国战略取得了举世瞩目的成就。

科研项目的有效组织、评审和评价是实施新时代创新驱动发展战略的内在要求。无论是公共财政支持的基础性、战略性科研项目，还是企业自主组织的市场类、应用性项目，都需要专家的深度参与和有力支持。2018年中共中央办公厅、国务院办公厅印发的《关于深化项目评审、人才评价、机构评估改革的意见》指出，科研项目评审要更加注重质量、贡献、绩效，树立正确评价导向，基本形成适应创新驱动发展要求、符合科技创新规律、突出质量贡献绩效导向的分类评价体系。

在实践层面，国家科技计划项目一般采取公开竞争的方式择优遴选承担单位，也有部分项目采取定向择优或定向委托等方式确定承担单位。为了保证项目评审公开、公平、公正、高效，项目申报和评审中要综合考虑负责人和团队实际能力及项目要求，不把发表论文、获得专利、荣誉性头衔、承担项目、获奖等情况作为限制性条件，是未来科技计划项目改革的方向。此外，针对重大原创性、颠覆性、交叉学科创新项目等非常规评审机制也在持续探索。针对不同项目类型或者评审方式，发现高水平、负责任的评审专家，提高项目评审的科学性和公平性，这对于落实创新驱动发展战略、确保项目顺利组织实施意义重大。

项目评审流程主要为计划申报、计划评审、计划立项、中期检查、结题验收等阶段。由于项目专业性较强，项目评审专家必须具有相应的领域知识，具备较高的专业素养和思想道德水平。为了保证评审的公平性，目前除了会议评审等方式，还推行视频评审、评审结果反馈、立项公示等措施，实现评审全过程的可申诉、可查询、可追溯。建立了项目负责人科研背景核查制度，对立项公示期间存在异议的项目负责人开展科研业绩、经历、诚信情况调查，确保符合项目要求（图2-1）。

第二章 专家发现：动因与模式　　027

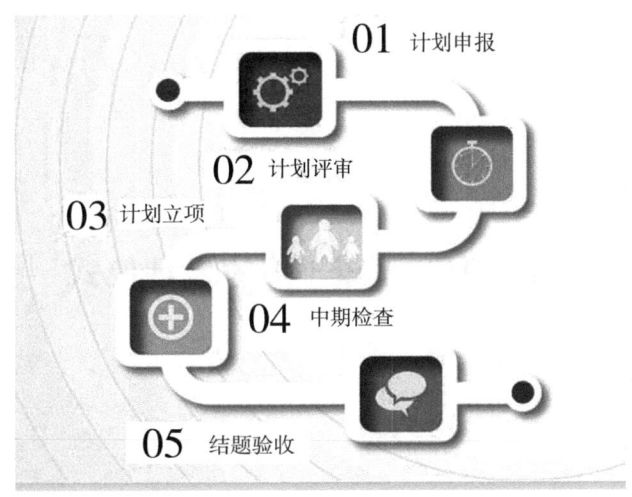

图 2-1　项目评审一般流程

　　同行评审、负责任评审是科研项目评审的共性原则和基本要求。同行评审是根据项目类型特点，合理确定评审专家遴选条件和专家评审规则，原则上应主要选取活跃在科研一线、真懂此行此项的专家参与评审，充分考虑其专业水平和知识结构，对于与产业应用结合紧密的项目，还应选取活跃在生产一线的专家参与评审，在部分前沿与基础科学等领域按适当比例引入国际同行评议。负责任评审的重点是建立完善的评审专家诚信记录、动态调整、责任追究制度，严格规范专家评审行为。完善专家轮换、随机抽取、回避、公示等相关制度，对公示期间存在异议的专家开展背景经历调查，确保专家选取使用科学、公正。针对科技计划整体情况组织开展绩效评估，重点评估计划目标完成、管理、产出、效果、影响等绩效。这对专家的专长识别、学术回避关系发现提出了明确要求。

2.2 "反五唯"背景下专家发现模式

选择高水平的同行专家发现是项目评审的核心要求之一。

项目评审要"选取活跃在科研一线、真懂此行此项的专家参与评审"。科研项目通常需要高水平科技专家"慧眼识珠",在立项、检查、验收等环节把关。然而管理工作中,同行专家遴选容易陷入"唯论文、唯帽子、唯职称、唯学历、唯奖项"的误区,例如单纯以论文数量论英雄的评价方式往往导致"外行评内行""小专家评大专家"等倾向,从而制约了科研项目的客观评审。为此,2020年2月17日,科技部印发《关于破除科技评价中"唯论文"不良导向的若干措施(试行)》的通知,进一步明确了要强化分类考核评价导向,对基础研究、应用研究等不同属性的科技活动,不把论文数量和影响因子作为考核评价指标。2021年5月28日,习近平总书记在两院院士大会、中国科协第十次全国代表大会上的讲话中指出"在人才评价上,要'破四唯'和'立新标'并举,加快建立以创新价值、能力、贡献为导向的科技人才评价体系"。上述反"五唯"政策旨在积极推进人才管理与改革,改变人才评价的局限性,为多维度进行专家发现和科学评价指明了方向。

专家发现是人力资源管理、科研管理、数据科学等学科领域共同关注的焦点之一,同时又是科技项目管理的关键要素。因此,从人才理论角度遴选优秀的科研项目评审专家和领军人才,按照"胜任力模型"等方法进行人才发现,具有重要理论意义。具体来说,科技人才特别是科技专家具有以下三个特征:

① 创造性。科学研究往往是复杂劳动或探索式的智力活动,科技人才经过一定时期的专门学习、训练,具备了某种特殊的知识、经验、技能以后,才能从事科技项目评审、咨询等复杂劳动,因此科技人才往往具有较为突出的创新能力甚至颠覆性创新能力。

② 效用性。指人才资源相对于一般的人力资源来说具有更大的社会价值。由于人才资源的创造性劳动,才使得人才资源创造的价值超出了社会平均水平,发挥出超过平均水平的较大社会效用,从而能为社会发展和科技进步做出较大的贡献。因此,在科技专家评价和使用中,要完善人才评价体系,研究建立以创新价值、能力、贡献为导向的人才评价体系,形成并实施有利于科技人才潜心研究和创新的评价体系。

③ 复杂性。人才资源的复杂性表现为两个方面:一是指人才的多样性,基础研究、工程技术、成果转化以及管理等人才类型评价侧重点也有较大差异。二是指人才的社会性,对人才的评价往往具有多个维度的价值判断,对其思想道德、科研诚信评价与科研能力评价同等重要。

从科研项目评审的角度来看,专家胜任力是开展专家发现的有效模型。哈佛大学教授戴维·麦克利兰(David McClelland)在1973年提出胜任力模型,其是指能将某一工作中有卓越成就者与普通者区分开来的个人的深层次特征。1993年,莱尔·M.斯潘塞博士和赛尼·M.斯潘塞进一步深化了这一概念,在其所著的《工作素质:高绩效模型》一书中提出了"冰山模型"。该模型指出,胜任素质是指能将某一工作(或组织、文化)中表现优异者与表现平平者区分开来的个人的潜在、深层次特征,它可以是任何能被可靠测量或计量的,并且能显著区分优秀绩效和普通绩效的个体特征。胜任素质主要有5种类型:动机、特质、自我概念、知识和技能。个人素质犹如一座浮在水中的冰山,其中在"水面上"的知识与技能相对容易观察和评价,是胜任工作和产出工作绩效的基本保证。而"自我概念、特质和动机"潜藏于水面以下，不易触及，必须有具体的行为特征才能推测出来，但它却是左右个人行为和影响个人工作绩效的主要内在原因，水面下越深的部分对于绩效的影响也就越大。

冰山模型为人才专长发现提供了有力的理论指导。人才评价既要识别科研人员个体的显性专长和隐性专长，实现"人尽其才"，又要将科学共同体作为参考，发现领军人才和后备人才。具体操作层面，则可以通过自动聚类、引用关系等，反映专家在细分领域的权威性。也就是说，如果某个专长是个体的核心专长，同时该个体位于该领域群体的"头部"位置，则该领域可以代表其学术专长，该个体是学术共同体中的佼佼者，有可能是科研项目所需要的候选评审专家，如图2-2所示。

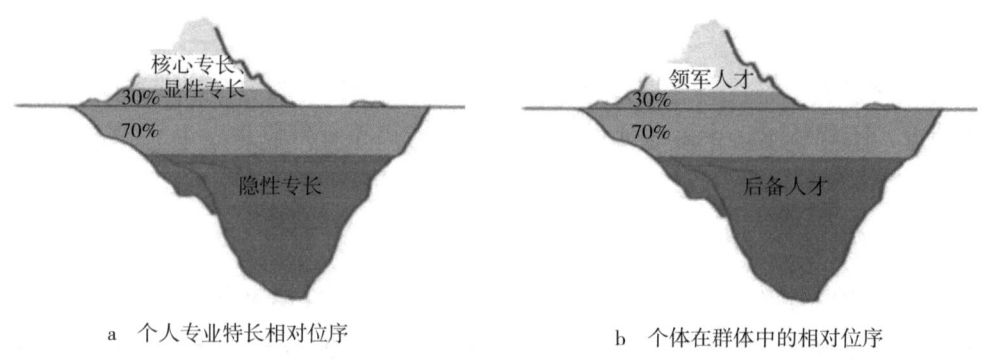

a 个人专业特长相对位序　　　　b 个体在群体中的相对位序

图2-2　人员胜任力冰山模型

人才评价理论模型可以有效指导对专家人才的客观评价，对专家人才的素质能力等进行科学判定，从而帮助管理部门在项目评审中选择合适的专家人才。但理论模型也各有特点和适用场景，例如层次分析法通过设置评价权重、然后由同行专家打分进行人才评价，虽然难免有一定的主观性，但该方法比较成熟、操作简单易行，仍有较强应用价值；引文分析法主要依靠论文计量指标，反映人才的学术影响力，尽管存在一定程度的"唯论文"倾向，但在基础研究领域仍是国际通行做法。当前，大数据环境下，通过模型和数据进行自动的发现成为新的趋势，通过与传统评价方法相互结合、分类评价，有望建立知识驱动的专家发现新模式。

2.3 专家发现中的计算模型

知识发现是"从大量数据中获得有效、新颖、有潜在应用价值的和最终可理解的模式的高级处理过程"①。从技术角度,专家发现(Expert Finding)也属于知识发现,它研究的问题是:针对用户给定需求,系统如何找到具有相关领域知识的专家,同时将这些专家按照其专业水平进行排序。现有的专家发现方法研究主要分为以下 3 类。

第一,经典专家发现模型,包括基于 Profile 的模型和基于 Document 的模型,它们都依赖于条件独立型假设,认为在给定文档的条件下,候选专家和查询词项是条件独立的;第二,基于话题模型的专家发现方法,模型建立在潜在狄利克莱分配(Latent Dirichlet Allocation,LDA)方法的基础上,无须依赖条件独立性假设;第三,基于网络社区问答(CQA)的专家发现方法,包括指标评价法、链接分析法和用户建模法。本书将术语计算和引文分析方法相结合,根据语义内容进行专家画像和推荐。

---

① 全国科学技术名词审定委员会,《图书馆·情报与文献学名词》,https://www.termonline.cn/index。

2.3.1 经典专家发现模型

基于 Profile 的模型也被称作基于候选人的模型（Candidate-based Model）或者查询独立模型（Query-independent Model），该模型的基本思想是：首先综合每一位专家各方面信息为其建立一个画像，然后使用概率模型来计算该专家的画像与用户查询之间的相关性，并按照该相关性对专家进行排序。其中，最为典型的是 Balog 等人提出的 Model 1。Model 1 是由 Balog 等人在 2006 年提出的一种专家发现模型。即给定查询 query 的条件下，候选专家 ca 出现的概率为 $P(\text{ca}|\text{query})$，则根据贝叶斯公式有：

$$P(\text{ca}|\text{query}) = \frac{P(\text{ca}|\text{query})P(\text{ca})}{P(\text{query})} \quad (2-1)$$

其中，$P(\text{ca})$ 表示候选专家出现的先验概率，一般情况下认为其服从均匀分布。$P(\text{query})$ 是查询 query 出现的概率，在给定 query 的情况下，$P(\text{query})$ 为常数。

此外，学术界还提出了基于 Document 的专家选择方法也被称为查询依赖模型（Query-dependent Model），其基本思想是：首先使用文档检索方法获得与查询相关的文档，然后按照专家与这些文档的相关程度对专家进行排序。一般而言，基于 Document 的模型效果要好于基于画像的模型。其中，最经典的是 Balog 等人提出的 Model 2。该模型可视为一种生成模型，具体生成过程如下：

① 给定一个候选专家 ca；

② 选择同 ca 关联的文档 doc；

③ 根据该文档和候选专家，用给定概率 $P(\text{query}|\text{ca}, \text{doc})$ 生成一个查询 query。对所有与 ca 相关联的文档进行加权求和，即可找到候选专家。

2.3.2 基于话题模型的专家发现方法

基于 Profile 的模型和基于 Document 的模型都依赖于条件独立型假设，即认为在给定文档的条件下，候选专家和查询词项是条件独立的。然而，在实际应用中，这一假设往往是不成立的。为了解决这个问题，学术界提出了改进模型，认为文档、候选专家与窗口的大小是独立的，将话题模型作为专家发现计算依据，并计算其在不同尺度的窗口出现的概率。

2.3.3 基于网络社区问答的专家发现方法

用户在某一领域答题多意味着其具备较强的专业知识，提问多则表明其缺乏该领域知识，由此确定专家。链接分析法主要利用 PageRank 与 HITS 算法，将用户类比为网页，并将链接关系移植到问答关系上，通过构建"用户—用户"传播网络并迭代计算用户的权威值对其排序。

用户建模法综合运用了信息检索、指标评价、链接分析和机器学习等领域的研究成果。例如，依据主题偏好、声望和权威度的线性组合对用户建模，其中主题偏好由专家概况与目标问题的文本相似度算出，声望取决于用户的历史答题数量与最佳答案数量，权威度则依靠链接分析算法求得。构建基于用户活动特征、答案质量特征、语言特征和时间特征的专家判别模式，采用统计模型发现专家。

以上方法各有优势和适用场景，专家发现实际上是对专家与需求的契合程度进行精准匹配的过程。由于科研项目评审专家对科技专家的属性要求更高，特别是研究专长、学术影响力、活跃度等也应该纳入专家发现的范畴，因此本书以术语作为切入口形成"话题"，然后在统一的人才发现模型（胜任力模型）下，进行影响力、活跃度、回避关系的判定，综合运用上述方法形成数据驱动的发现机制，解决科研项目评审中的专家专现问题。

2.4 专家发现的数据基础

2.4.1 数据关联模型

专家发现需要依靠大量数据的支持，以形式化、可操作的模型来对信息进行关联规范。国外比较典型的有 FOAF 模型和 CERIF 模型，可以为解决专家发现提供数据描述框架。

（1）FOAF 模型

FOAF（Friend-of-A-Friend）是 W3C 提出的以机器可读形式描述个人信息的机制，其主要目的是为人、组织、企业等创建一种机器可读的 RDF 格式数据资源，允许跨各种应用程序、网站和服务以及软件系统的数据集成。为此，FOAF 协议定义了描述人员信息的模式，使计算机能够搜索并处理 FOAF 文件中的信息，通过 FOAF 文档，不但可以得到文档作者的信息，更重要的是可以知道哪些人和文档作者有直接关系，如果这些人也发布了 FOAF 文档，那么通过 FOAF 文档数据的关联就可以得到一个社会网络。另外，FOAF 文档分散创建并且文档的内容受到创建者的控制，通过 FOAF 文档可以形成一个隐性的信任网络。在此基础上，可实现信息存储、审核数字签名、聚合相关文档、构建 Web 页面、问答服务等功能。

在 FOAF 文档描述中，有类和属性两种，将所描述的事物称为类，与事物相关的称为类的属性。FOAF 文档定义了大量的类和属性来标识用户的知识结构，如 foaf:Document 描述了其创建的或与其相关的文档；foaf:Project、foaf:currentProject、foaf:pastProject 描述了其过去完成的和现在正在进行的项目；foaf:interest 描述了其感兴趣的事物或话题；foaf:plan 实现了传统的 plan 文件的作用，可以用来描述自己的个人生活、工作内容及想法；foaf:primaryTopic、foaf:topic、foaf:topic_interest 描述了其关注的话题等[1]。利用 FOAF 的 foaf:interest、foaf:currentProject、foaf:pastProject 等属性可以以国际通用的方式描述人员信息，有助于实现科技人才信息互联互通和共建共享。

（2）CERIF 模型

CERIF（Common European Research Information Format，通用欧洲科研信息格式）是欧盟国家采用的一种科研信息组织方法，是开发科研信息系统（Current Research Information System，CRIS）的参考数据模型，是欧盟向其成员国推荐使用的官方标准，有利于科研信息的交换和共享。CERIF 数据模型设计了丰富的实体、灵活的关系管理、XML 交换格式和 CERIF 语义规范，使其构建成一个可扩展的科研信息系统。CERIF 从科研管理流程出发，分析和明确了研究计划、项目、成果、人员等各个环节所涉及的主要科研实体及其科研关系，以支持科研信息的集成共享与管理[2]。

CERIF 的实体框架围绕人员、机构和项目这 3 个基本实体展开，基本实体通过与其他科研实体的关联而形成完整科研过程描述。以项目实体为例，项目实体的关系模式包括项目标识符、项目缩写名称、开始日期、结束日期、项目 URI 等属性。CERIF 遵从数据库建模原则来确定模型中各个实体，同时还在模

---

[1] 丁文姚，韩毅. 基于 FOAF 的 UGC 用户信息组织研究 [J]. 情报理论与实践，2019，42（8）：124-130.

[2] 孙茜. 通用欧洲科研信息格式研究 [J]. 情报资料工作，2019，40（1）：73-80.

型中确立了实体间的关联关系。如果两个不同实体之间具有某种关联关系，CERIF 模型用两个实体之间的连线来表示这种二元联系，除了二元联系之外，同一实体内两个实例间也可能具有某种关系即一元关系，如隶属关系等，如图 2-3 所示。

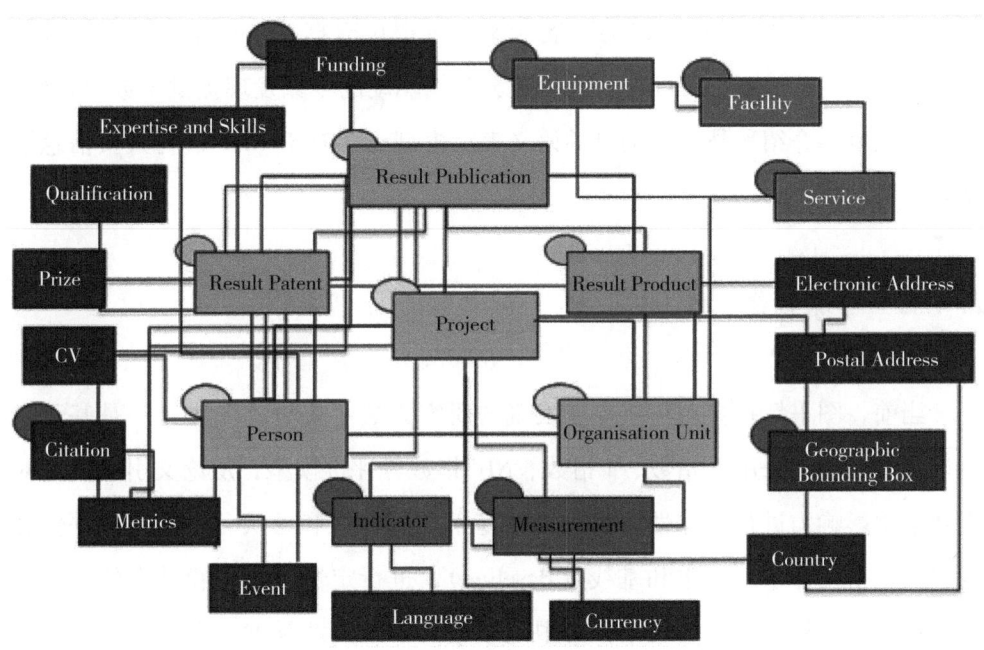

图 2-3　CERIF 数据关联模型

当 CERIF 模型使用关联实体来表达实体之间的关系或实体的某种属性时，关系或属性具有明确的语义，通过对保存在语义层中相应内容的调用来获取语义。CERIF 在语义层统一存储、维护各种受控词表，使用词表中的词汇表达语义。为了清晰表达具体词汇的语义，CERIF 还构建类表实体描述受控词表，构建类目实体描述词汇，进一步通过类目术语实体、类目描述实体、类目定义实体及类目示例实体来公开声明类目的专有名称、定义及用法，通过这种详细描述的方法准确表达出词汇的语义内容①。

上述两种模型都很好地将人员、机构、项目等有机关联起来，使分散异构的信息得以规范表达，提高了信息组织的准确度和关联度，能够更加准确地反映人员信息，并进行一定程度的更新。特别是专家人才的数据信息广泛，性别、姓名、职业、研究领域等信息分散，要想最大限度有效共享和利用这些信息，FOAF 模型、CERIF 模型可以为开展专家发现提供数据关联框架，有利于打破数据孤岛和规范性不高等问题，为构建大数据驱动的专家发现提供了数据基础。本书第三章将介绍科技专家信息的语义表示模型，并基于 RDF 进行人员信息语义查询与推理。

2.4.2 专家画像

当前，图书情报界对科技专家发现的研究方法主要分为 3 类：一是基于文献计量学理论，采用 h 指数、g 指数、NIF 指数等评价模型，从论文引用角度对人才学术影响力进行总体性评价；二是基于同行评议和层次分析法，由评估者设置评价指标体系、权重和基线（Baseline），进行定性与定量相结合的标准化评价；三是采用社会网络理论，对限定领域的科技人才学术关系及其影响力进行网络关系分析，适用于人才专题化评价。上述方法特点鲜明、各有所长，同时，由于大多依赖论文和严格的评价指标体系，加之评价程序刚性有余而弹性不足，导致评价结果的客观性、准确性和适用性难免时有争议。围绕"反五唯"背景下"突出品德、能力、业绩导向"这一关键问题，研究基于知识组织的科研项目评审专家发现是本书的目的。

通过算法和大数据资源，有助于实现专家画像。"画像"是隐喻而来的概

---

① 马雨萌，祝忠明. 数字对象语义关联组织的典型模型研究 [J]. 现代图书情报技术, 2013（1）：1-7.

念。交互设计之父 A. Cooper 将用户画像定义为"基于用户真实数据的虚拟代表",Rebecca M. Quintana 等[①]将用户画像描述为"一个从海量数据中获取的、由用户信息构成的形象集合",通过这个集合,可以描述用户需求、个性化偏好及用户兴趣等,Susan Gauch 等[②]也将用户画像视为一种集合,但这种集合在构成方面略有不同,主要包括加权关键词、语义网及概念层次结构几个方面,用户画像是一种大数据环境下用户信息标签化方法,人员画像常见于电子商务、社会网络分析及互联网服务。例如在电子商务系统中,对用户的历史购物习惯和偏好等信息进行分析挖掘,从而对商品进行定向推荐和营销;在社会网络中,利用用户的个人信息和社交交互数据进行好友推荐和社群发现等。构建人员画像也需要选择合适的方法模型。基于统计的人员建模主要通过数学方法对各类数据的数量或各类数据占整体的比率等进行量化,并针对这些量化后的值对用户进行分析,挖掘出能够代表用户兴趣偏好的特征。

  本书认为,科技专家画像是以大量真实用户数据为基础,对用户行为、兴趣等进行特征抽取而形成的立体虚拟用户模型,是对用户的各种属性信息进行标签化的过程,可以通过标签反映其研究专长、学术关系等特征,从而可以应用于项目评审专家发现。专家各个维度的属性信息都通过术语、引用关系等方式精准描述,如个人基本信息、学术简历、工作经历、科研产出信息、承担项目信息、参与项目评审记录等,这为科研项目评审专家发现提供了有力支持(图2-4)。

---

① QUINTANA R M, HALEY S R. The persona party: using personas to design for learning at scale [J]. Chi conference extended, 2017 (3): 933-941.

② GAUCH S, SPERETTA M, CHANDRAMOULI A, et al. User profiles for personalized information access [J]. The adaptive web, 2007: 54-89.

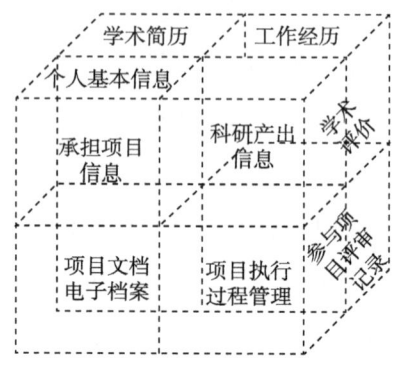

图2-4 项目评审专家立体画像

专家画像的重点是从知识组织角度对科技人员的专长、影响力、活跃度进行精准识别。采用大数据资源和数据挖掘技术，对科技人才科研属性和学术关系进行量化描述、分类评价和动态监测，实现对人才创新能力的精细化、弹性化和自动化评价。本书第三章将重点介绍专家专长发现、同行专家识别、学术影响力识别等方法。

2.5 小结

科技与人才密不可分，本章在梳理近年来国家重大战略和政策的基础上，明确了科研项目评审中的基本流程和业务需求，并结合人才学中的胜任力模型进行探讨，梳理了大数据环境下人才发现现有算法模型和常用数据关联框架，进而提出了知识驱动的评审专家立体画像思路，作为本书的应用场景、理论基础、研究方法和数据保障。

基于人才胜任力模型，以知识组织理论为基础，构建统一的科技专家信息语义模型，实现对专家信息的统一描述、评价和共享，有助于打破专家信息孤岛，提高专家发现计算效率，为实现异构专家信息的共建、共享与服务提供参考。

第三章
专家信息语义化组织模型

知识组织（Knowledge Organization）是图书情报界进行知识有序化处理的一门学科，与科研人员信息组织在理论、方法和技术上目标相符、学理相通、殊途同归。首先，知识组织是指把各种概念和实例信息按照语义逻辑关系进行重组和再造，是解决信息碎片化、实现知识有序化的有效手段。科研人员信息也是一种特殊的"概念"和实例，可以通过知识组织模型从多个语义层面对人员信息特别是知识层面进行融合、重组与再造，并通过项目、成果等外部信息的关联和组织，形成数据驱动的立体式、动态化的语义关联，对人员信息进行较为全面的客观量化描述和深度揭示。在方法层面，通过元数据、术语表、分类表、叙词表、本体等知识组织工具对人员信息进行语义描述和表征，可以揭示科研人员信息的科研属性，如科研人员的研究方向标识、分类映射、语义关联等。此外，知识组织的相关技术可用于科研人员学术时变轨迹分析、学术关系发现、人员信息监测和个性化推送等，技术上具有共通性，支撑大数据环境下的人员科研专长发现、同行专家发现、学术诚信监测等科技管理和服务。

3.1 科技专家信息语义表示模型

针对我国科技专家库建设分散、共享困难等问题,通过构建统一的科技专家信息语义表示模型实现对专家信息规范描述和共享,以打破专家信息孤岛、提高专家库利用效率,是可行之策。具体方法是,以知识组织理论为基础,构建科技专家信息语义表示模型,从6个主要方面将分散、异构的专家信息进行语义化描述、关联与聚合,并采用RDF进行形式化描述和实证研究,最终生成具有较强规范性和语义关系的专家信息库,为实现异构专家信息的共建、共享与服务提供坚实基础。在语义层面对专家信息进行多维度语义化描述、关联和推理,并最终实现专家信息的有效聚合,在专家库建设、专家发现和知识组织方面其有重要价值。[①]

科研人员信息组织是从语义层面对人员信息进行汇聚、重组和挖掘,实现人员信息有序化、规范化管理的过程。在科技管理实践中,为了支持重大科研项目评审、验收及决策咨询等,国内目前已经建设了多个科技专家库,各个专家库之间也亟须进行互联互通和有效关联,实现跨学科、跨区域的科技专家信

---

① 宋培彦,陈白雪,贤信. 科技专家信息语义模型构建及实证研究[J]. 情报理论与实践,2017,40(9):119-124.

息共建共享。因此，构建统一的科技专家信息语义表示模型和描述机制，有助于形成统一的参照系，从语义层面将各类异构专家库进行深度聚合，进而打破信息孤岛、提高专家库的建设与使用效率，其具有重要的研究价值和应用价值。

学术界对于人员信息的描述已经有相关成果。本书第二章已经述及，FOAF 采用 RDF 格式对人员信息及人际关系进行建模，形成便于共享和语义化描述的描述机制。欧洲采用 EuroCRIS 系统构建了统一的描述模型 CERIF 模型，将科研项目、专家、成果、机构、仪器等科技资源进行一体化关联和互操作。面对数量庞大、专业复杂、动态变化的专家群体，基于知识组织的概念和语义关系模型构建语义关联紧密、共享方便、更新快速的领域专家描述框架，有利于对各类异构专家库快速、准确地进行汇聚和融合，并支撑我国科研项目的评审与管理。

国际上，采用知识组织理论对专家信息进行组织和发现已经取得重要研究进展。Alon Friedman 等[1]从概念图的角度，采用弧和节点的方式，对概念系统中的实例与概念进行了关联。Fausto Giunchiglia 等[2]从知识表示的角度，针对本体中的实例词与概念的映射方法进行了探讨。Katja Hofmann 等[3]提出了基于内容的专家发现方法，融入了上下文语境信息。Jianhan Zhu 等[4]从主题、文献特

---

[1] ALON F, RICHARD P, SMIRALIA. Nodes and arcs: concept map, semiotics, and knowledge organization [J]. The journal of documentation, 2013, 69 (1): 27-48.

[2] FAUSTO G, BISWANATH D, VINCENZO M. From knowledge organization to knowledge representation [J]. Knowledge organization, 2014, 41 (1): 44-56.

[3] KATJA H, KRISZTIAN B, TONIE B, et al. Contextual factors for finding similar experts [J]. Journal of the American society for information science and technology, 2010, 61 (5): 994-1014.

[4] JIANHAN Z, DAWEI S, STEFAN R. Integrating multiple windows and document features for expert finding [J]. Journal of the American society for information science and technology, 2009, 60 (4): 694-715.

征等角度，进行专家发现。Silvana Drumond Monteiro 等①对知识图谱与语义的关系进行了研究，并对网络环境下的语义标签、实例映射方法进行了探讨。M. Cristina Pattuelli 等②对 DBpedia 中的语义描述方式进行了解析，探讨了人物实例的描述方法。由美国国防部 DARPA 资助的权威会议"文本检索会议"TREC 等对人员实体抽取也开展了专题测试，采用文档主题模型 LDA 等统计模型并进行测试③。总体而言，知识组织工具具有语义关系紧密、更新快速、可扩展性好、自动化程度高等优势，可以将专家等实例纳入语义关系网络，适应网络环境下专家信息的语义关联和自动更新。

3.1.1 专家信息描述框架

我国图书情报界也从知识组织角度开展了专家发现研究，并采用词共现计算、社会网络分析、引文分析等方法构建专家关系网络。贾君枝等④对人名规范文档进行了研究。王曰芬等⑤对科技咨询专家库的设计提出方案，基于社会关系网络进行分析。杜晖等⑥采用社会关系网络理论对领域专家的合作关系进

---

① SILVANA D M, MARIA A M. Knowledge graph and 'Semantization' in cyberspace: a study of contemporary indexes [J]. Knowledge organization, 2014, 41 (6): 429-439.

② CRISTINA P, SARA R. The knowledge organization of DBpedia: a case study [J]. Journal of documentation, 2013, 69 (6): 762-772.

③ National Institute of Standards and Technology (NIST). Text retrieval conference [EB/OL]. [2016-02-15]. http://trec.nist.gov/.

④ 贾君枝，石燕青. 中文名称规范文档与虚拟国际规范文档的共享问题研究 [J]. 中国图书馆学报，2014，40 (6): 83-92.

⑤ 王曰芬，王雪芬，杨小晓. 基于社会网络的科技咨询专家库的构建方案与流程设计 [J]. 情报学报，2012，31 (2): 116-125.

⑥ 杜晖，邱均平. 领域专家库系统构建研究 [J]. 情报学报，2014，33 (10): 1022-1031.

行分析。夏立新等[①]从主题图角度对专家群体进行研究。沈耕宇等[②]从作者共现角度，对科研群体进行构建，探索科研团队的发掘方法。刘则渊等[③]对科学知识图谱进行了深入研究，主要从文献引用方面进行可视化的揭示。此外，学术界还采用Citespace、Ucinet、Gephi等情报分析软件开展了人员合作关系、研究主题演变等研究。总体而言，我国图书情报界面向特定领域主题，通过文献揭示专家群体的相互关系，已经取得了积极进展。同时应该看到，现有专家库描述框架还不尽相同，缺乏相应的元数据框架和通用数据交换格式，还需要在元数据层面实现语义互通和互操作，进而与知识组织工具中的范畴、语义关系等先验知识相互结合，才能适应大规模科研项目评审的需要。因此，本书试图基于知识组织理论、方法和技术，归纳现有专家库描述框架，采用国际通用的XML/RDF进行形式化描述和数据互联互通，形成具有更高精度和时效性的科研项目评审专家聚合方法，为专家关系网络构建提供有效的知识基础。

专家信息需要重点突出研究专业信息，通过各类属性和属性值对专家信息进行表示。专家库的实质是对专家基本信息和业务专长的知识表示、推理和聚合，因此，构建相对稳定、统一的语义模型，可以为专家库的共享提供可靠的支撑。通过比较和归纳现有的专家库信息，可以将科技专家信息分为六大类。

① 科技专家基本信息，包括科技专家姓名、民族、籍贯、出生日期、证件号码等，一般是对非专业属性的描述。

② 科技专家工作履历信息，包括科技专家任职机构、地址、联系方式等。

③ 科技专家教育信息，包括科技专家的学历、学位及院校名称、专业等。

---

① 夏立新，张玉涛.基于主题图构建知识专家学术社区研究［J］.图书情报工作，2009，53（22）：103-107.

② 沈耕宇，黄水清，王东波.以作者合作共现为源数据的科研团队发掘方法研究［J］.现代图书情报技术，2013（1）：57-62.

③ 刘则渊，陈悦，侯海燕.科学知识图谱：方法与应用［M］.北京：人民出版社，2008.

④ 科技专家学术科研信息，包括分类信息、研究方向、职务、职称、人才称号、学术兼职等，这也是专家信息的核心部分。分类信息包括学科分类、行业分类；研究方向一般以关键词形式标明专家的研究专长。

⑤ 项目信息指科技专家承担的纵向或横向的项目或课题，是对专家进行评价的重要方面。

⑥ 成果信息：专家一般是具有丰富成果的权威科研人员，其成果形式一般包括论文、专利、著作及科学数据等多种形态。

围绕以上六大类信息构建科技专家语义模型，分别从元数据、分类和主题3个层面将分散、异构的专家信息进行语义化描述，并采用 XML Schema 框架进行形式化解析和转换，最终生成具有一定覆盖面的专家库，用于支撑科技专家的数据采集、管理和服务。上述各类信息涵盖了科技专家数据的基本方面，可以根据需求进行扩展或细化。每个信息项可以通过编码体系、行业标准、自定义文档等进行属性值约束，以实现对专家信息的规范化描述（图3-1）。

3.1.2 专家信息聚合流程

借鉴 FOAF 模型，采用 XML（可扩展标记语言）对专家信息进行描述和聚合，将不同来源的 XML 文件转换成符合特定数据库格式的结构化数据，同时进行数据格式与语义的双重校验，其不仅能保证数据结构的一致性，也便于对异构数据进行互联互通与共享，形成统一的专家信息库。科技专家信息语义化聚合的流程包括3个步骤：数据校验、语义聚合和关联分析。

（1）数据校验

针对异构数据在存储、描述方面的差异，以及不同来源的数据格式与质量不一，实现数据文件在格式层面的自动验证。在入库之前需要对数据文件进行格式校验，如检查 XML 文件是否可读、标签是否完整、属性格式是否正确，当且仅当满足这3个条件时，才能进行 XML 文件格式的转换。由此，可以将不同

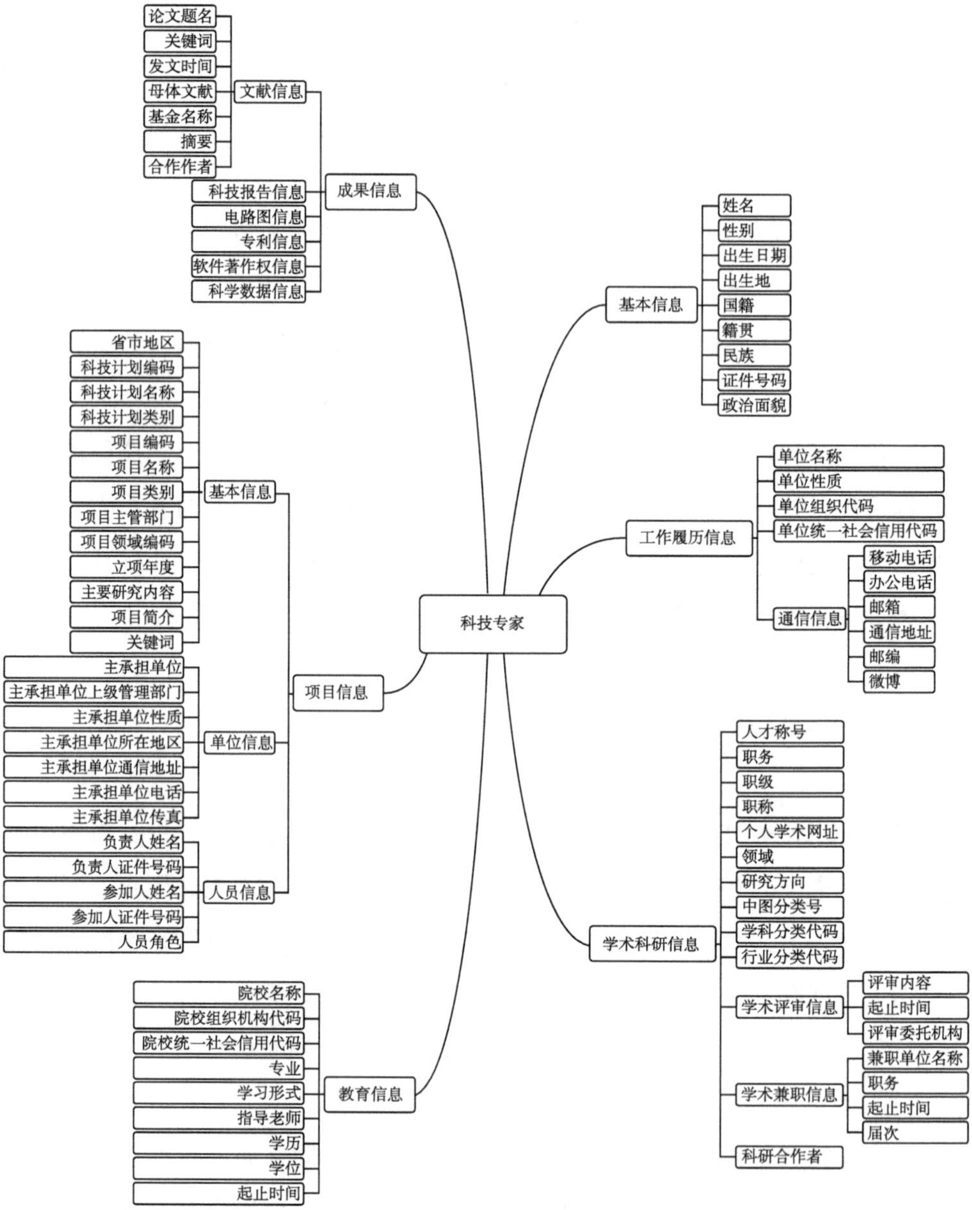
科技专家
成果信息
文献信息
论文题名
关键词
发文时间
母体文献
基金名称
摘要
合作作者
科技报告信息
电路图信息
专利信息
软件著作权信息
科学数据信息
项目信息
基本信息
省市地区
科技计划编码
科技计划名称
科技计划类别
项目编码
项目名称
项目类别
项目主管部门
项目领域编码
立项年度
主要研究内容
项目简介
关键词
单位信息
主承担单位
主承担单位上级管理部门
主承担单位性质
主承担单位所在地区
主承担单位通信地址
主承担单位电话
主承担单位传真
人员信息
负责人姓名
负责人证件号码
参加人姓名
参加人证件号码
人员角色
教育信息
院校名称
院校组织机构代码
院校统一社会信用代码
专业
学习形式
指导老师
学历
学位
起止时间
基本信息
姓名
性别
出生日期
出生地
国籍
籍贯
民族
证件号码
政治面貌
工作履历信息
单位名称
单位性质
单位组织代码
单位统一社会信用代码
通信信息
移动电话
办公电话
邮箱
通信地址
邮编
微博
学术科研信息
人才称号
职务
职级
职称
个人学术网址
领域
研究方向
中图分类号
学科分类代码
行业分类代码
学术评审信息
评审内容
起止时间
评审委托机构
学术兼职信息
兼职单位名称
职务
起止时间
届次
科研合作者

图 3－1　专家描述框架

来源的 XML 格式文件解析，导入易于用户理解的多个数据表，以便后期进行数据加工与规范。

（2）语义聚合

数据模型中规定了各类数据的映射标准和属性取值。通过将其形式化为 XML Schema，可以对各个属性值和语义关系进行深度验证，确保数据在语义逻辑上的一致性。判断各个数据库中的属性内容是否符合逻辑，如专家研究方向是否聚焦，专家的工作、学习及评审经历是否符合逻辑次序等，以提高数据的质量，从主题、关系、机构等多个角度形成数据聚合。

（3）关联分析

基于专家数据的深度聚合可以实现多维度的定量分析，便于对数据质量进行较为直观、清晰的管理。关联分析主要包括专家数量统计、数据字段饱和度统计、分类统计、专家研究方向动态分析等。

如图 3-2 所示，从异构数据库中导出 XML 文件数据，将其转换成易于

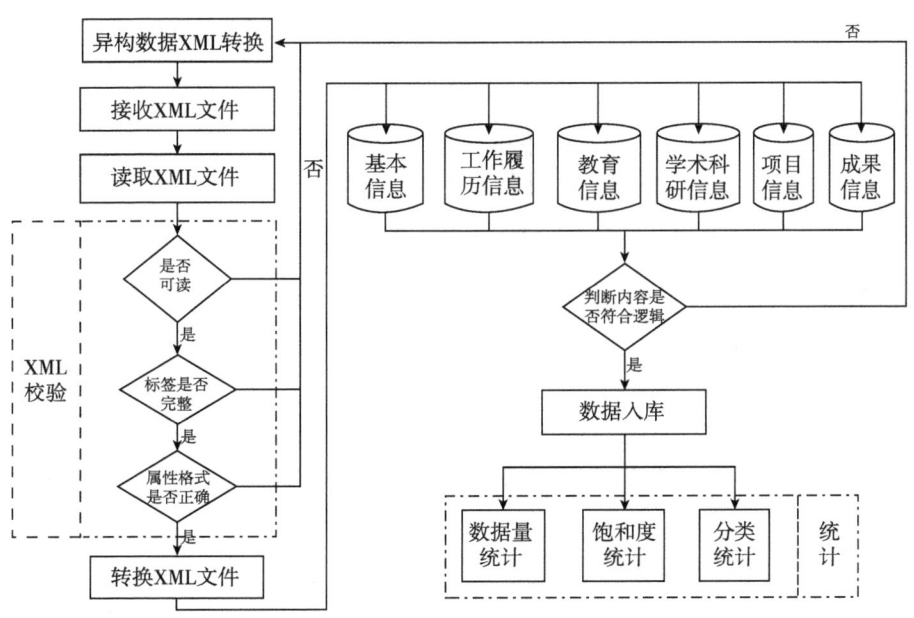

图 3-2 科技专家数据采集加工流程

用户理解的数据格式,实现数据入库,并进行初步的数据语义校验和关联聚合。其间经过两次数据校验,第一次是格式层面的校验,即 XML 语法形式校验;第二次是数据语义层面的校验,在元数据层面遵循统一的语义规范,最终以 XML 文件、关系型数据库等多种方式进行存储、交换和服务(图 3-3 至图 3-5)。

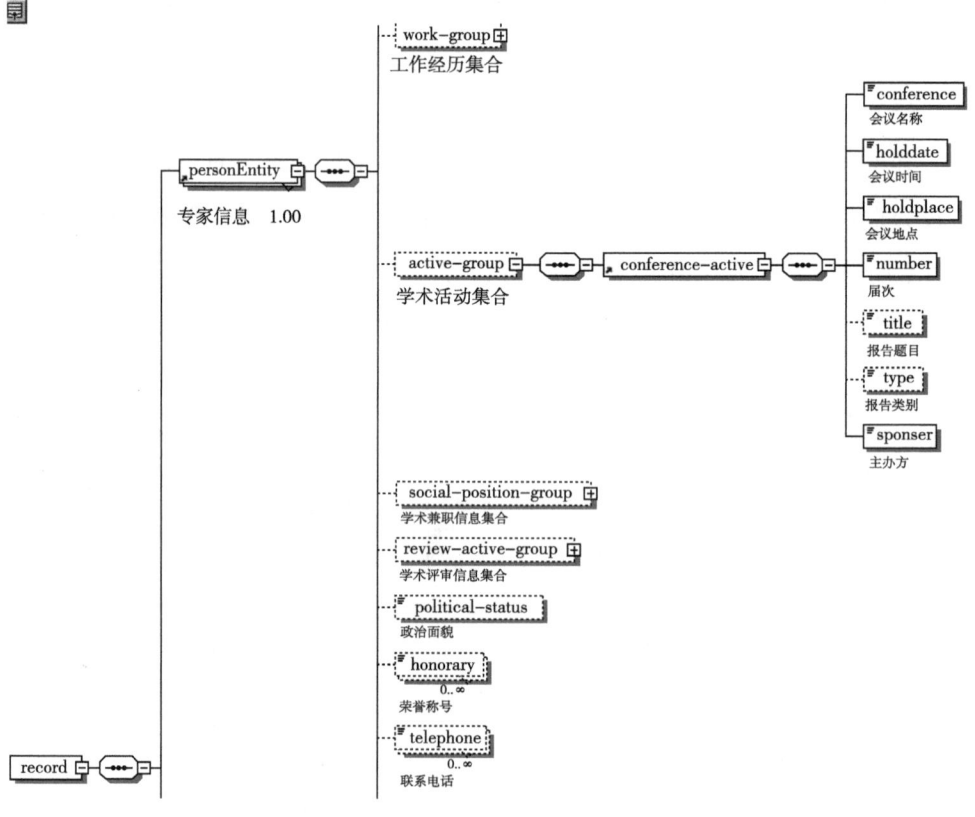

图 3-3 科技专家规范结构图 Schema

```xml
<?xml version="1.0" encoding="UTF-8"?>
<record xmlns="http://spec.csmi.gov.cn/namespace" xmlns:xsi="http://www.w3.org/2001/XMLSchema-instance" xsi:schemaLocation="
http://spec.csmi.gov.cn/namespace C:\国科管\数据规范\数据规范\csmi-expert-metadata-v1.xsd">
    <PersonEntity>
        <person-id-group>
            <person-id>
                <id coding-system="陕西本地标识符">100018773</id>
            </person-id>
            <person-id>
                <id coding-system="1">61012419800204395x</id>
            </person-id>
        </person-id-group>
        <name>强涛涛</name>
        <gender>0</gender>
        <birthday>1980-02-04</birthday>
        <birthplace/>
        <nationality/>
        <ethnic/>
        <origin>01</origin>
        <position-title>常务副所长</position-title>
        <position-level>2</position-level>
        <profession-title>
            <id coding-system="职称">012</id>
            <label>副教授</label>
        </profession-title>
        <job-type/>
        <subject>
            <id coding-system="学科">530.61</id>
            <label>毛皮与制革工程</label>
        </subject>
        <subject>
            <id coding-system="学科">540.20</id>
            <label>纺织材料</label>
        </subject>
```


图 3-4　专家信息 XML 文件的自动验证

id	专家国科管唯一标识符	唯一标识码	姓名	曾用名	性别	出生日期	出生地	国籍	籍贯	民族	单位名称	单位性质	职务
10773	ZJ.610000/100021667	100021667	张光运	NULL	男	19670718	NULL	NULL	NULL	汉族	中国人民解放军第四军医大学	院校	NULL

结果　消息

	id	专家国科管唯一标识符	唯一标识码	评审内容	起始时间	结束时间	评审委托机构	来源省市	createdate
1	1	ZJ.440000/27579	27579	粤港联合创新新材料组	20151019	20151101	科技交流合作处	广东	NULL
2	2	ZJ.440000/27579	27579	中小企业创新项目-无机材料	20151022	20151109	高新技术发展及产业化处	广东	NULL
3	3	ZJ.440000/27579	27579	可见光通信组	20150528	20150528	高新技术发展及产业化处	广东	NULL

id	专家国科管唯一标识符	唯一标识码	国家	工作单位	单位组织机构代码	单位统一社会信用代码	职务	职务级别	职称	起始时间	结束时间	研
12556	ZJ.330000/1374	1374	NULL	浙江省水利河口研究院	NULL	NULL	NULL	NULL	NULL	NULL	NULL	水
12557	ZJ.330000/1375	1375	NULL	中国计量学院	NULL	NULL	机械电子工程研究所所长	NULL	NULL	NULL	NULL	机

	id	专家国科管唯一标识符	唯一标识码	国家	院校名称	院校组织机构代码	院校统一社会信用代码	专业	学历	学位	培训进修	起始时间	结束时间	指
1	27918	ZJ.330000/27136	27136	美国	美国辛辛那提大学医学中心	NULL	NULL	NULL	NULL	NULL	访问	NULL	NULL	NU
2	27919	ZJ.330000/27136	27136	美国	美国贝勒医学院肾脏系	NULL	NULL	NULL	NULL	NULL	访问	NULL	NULL	NU
3	27920	ZJ.330000/2953	2953	NULL	南京大学双语词典研究中心	NULL	NULL	NULL	NULL	NULL	访问	2001	NULL	NU

id	专家国科管唯一标识符	唯一标识码	兼职单位名称	职务	起始时间	结束时间	届次	来源省市	createdate
6492	ZJ.330000/13599	13599	中国菌物学会	理事	NULL	NULL	NULL	浙江	NULL
6493	ZJ.330000/13599	13599	中国农学会食用菌分会	理事	NULL	NULL	NULL	浙江	NULL
6494	ZJ.330000/13599	13599	中国农业生物技术学会微生物分会	理事	NULL	NULL	NULL	浙江	NULL

图 3-5　关系型数据库存储

3.1.3　RDF 语义化推理

资源描述框架（Resource Description Framework，RDF）是 W3C 推荐的资源描

述框架与机制，适用于在 XML 基础上以三元组形式从语义层面描述半结构化信息，并实现一定程度的智能化推理，这为专家信息的抽取、验证和复用提供了良好的技术条件。在专家库建设中，RDF 在以下 3 类应用场景中具有突出优势。

① 语义化。重点向现有的知识组织工具进行映射，如元数据、词表和本体，将人名纳入相关的概念系统，并进行推理，这就使得专家库与知识组织工具建立了较强的语义关联，能够实现基于语义（标签）的推理与自动推荐。知识组织工具一般具有较为丰富的语义关系，这为实现专家信息的精细化描述提供了良好的知识支撑。

② 语义检索、推理机制。通过语义关系，对专家的特长进行推理和判断。例如，静态的语义关系揭示专家的研究专长；也可以通过动态计算，从文献中动态挖掘专家的动态信息，如通过共现计算发掘专家之间的合作关系。进而，通过语义类别实现专家的推理。RDF 具有很好的扩展性，并可以通过 SPARQL 等语言进行灵活检索。

③ 传统数据库一般采用结构化数据对人员信息进行静态描述和存储，而人员信息往往为非结构化或者半结构化数据，现有的结构化数据库技术很难适应人员信息描述。RDF 的本质是 XML 文件，采用规范化的知识组织工具，如主题词表、本体等，使数据发布、共享与更新更为便利。

3.1.3.1 专家 RDF 描述

RDF 是用来描述资源、属性和属性值的一个三元组陈述（主体、谓语、客体）。每一个专家都可以被看作一个资源，每一个资源都有自己唯一的统一资源定位符（Uniform Resource Locator，URL），使用此 URL 可以定位到某一个专家，进而获取到详细描述此专家的属性和属性值。例如：根据以下 RDF 文件信息对姓名为"张三"的专家进行唯一描述。

```
主体:http://www.guokeguan/ZJ.44000/1
谓语:专家姓名
客体:张三
<rdf:RDF
xmlns:rdf = "http://www.w3.org/1999/02/22-rdf-syntax-ns#"
xmlns:cd = "http://www.spec.csmi.gov.cn#" >

<rdf:Description
rdf:about = "http://www.guokeguan /ZJ.44000/1" >
    <gov:namet> 张三 </gov:name>
</rdf:Description>
</rdf:RDF >
```

3.1.3.2 RDF 文件构建过程

Jena 是 Apache 的一个开源项目,用于构建语义 Web 程序,它提供了一组工具帮助开发语义 Web、构建 RDF 模型、读取 RDF 文件、生成 RDF 文件及链接数据应用等,适用于对专家数据进行快速转换,将传统的关系型数据库转换为 RDF 三元组格式,为进行推理和推荐提供计算机可读的数据资源。伪代码示例如下。

```
for( int i = 0; i < 3; i + + ){
    personURI = personURI + i;
    Resource johnSmith = model.createResource( personURI);
    // addProperty 方法是给资源添加谓语和客体,所以有两个参数。另外,因为方法的返回值是资源本身,所以可以级联的给资源添加属性。
    // 谓语使用的是 VCARD 规范,也可以自定义谓语
    // Parameters:
    // p-The property to be added.
```

```
            // o-The value of the property to be added.
        johnSmith. addProperty( VCARD. FN,
fullName). addProperty( VCARD. N, model. createResource( )
. addProperty( VCARD. Given, givenName)
. addProperty( VCARD. Family, familyName));
        // 表示电子名片的命名空
        // 显示 RDF 模型中的三元组
        // 列出 Model 中的 statements
        StmtIterator iter = model. listStatements( );
        while (iter. hasNext( )) {
        Statement stmt = iter. nextStatement( );
        Resource subject = stmt. getSubject( );
        Property predicate = stmt. getPredicate( );
        RDFNode object = stmt. getObject( );
        System. out. print( subject. toString( ));
        System. out. print( " " + predicate. toString( ) + " ");
        if ( object instanceof Resource) {
        //System. out. println( object. toString( ));
            } else {
        //System. out. print( " " + object. toString( ) + " ");
            }
        System. out. println( " . ");
            }
    }
```

开发代码示例如图 3-6 所示,其中 addProperty 方法是给资源添加谓语和客体,谓语使用的是 VCARD 规范,也可以自定义谓语。

```
personURI=personURI+i;
Resource johnSmith = model.createResource(personURI);
// addProperty方法是给资源添加谓语和客体,所以有两个参数。另外,因为方法的返回值是资源本身,所以可以级联的给资源添加属性。
// 这里的谓语使用的是VCARD规范,也可以自定义谓语
// Parameters:
// p - The property to be added.
// o - The value of the property to be added.
johnSmith.addProperty(VCARD.FN, fullName).addProperty(VCARD.N,model.createResource()
    .addProperty(VCARD.Given, givenName)
    .addProperty(VCARD.Family, familyName));

// 表示电子名片的命名空
// 显示RDF模型中的三元组
// 列出Model中的statements
StmtIterator iter = model.listStatements();
while (iter.hasNext()) {
    Statement stmt = iter.nextStatement();
    Resource subject = stmt.getSubject();
    Property predicate = stmt.getPredicate();
```

图 3-6 开发代码示例

3.1.3.3 语义查询

RDF 构建成功后可以使用 SPARQL 语言（Simple Protocol and RDF Query Language）进行查询，ARQ 是 Jena 用以支持 SPARQL 的查询引擎，在系统中用于查询生成的专家 RDF 数据。

在 SPARQL 查询语句中，三元组中的任何一个元素信息均可替换为首字母为?的变量。例如：可以查询电话号码为 020-81340319 的专家信息，如图 3-7 所示。

```
in.close();
// Create a new query
String queryString =
    "PREFIX vcard:<http://www.w3.org/2001/vcard-rdf/3.0#> " +
    "SELECT ?telephone " +
    "WHERE {" +
    "       ?expert   vcard:telephone \"020-81340319\" ." +
    "       ?expert   vcard:telephone ?telephone "+
    "      }";
```

图 3-7 专家信息查询语句（电话号码：020-81340319）

3.1.3.4 逻辑与推理

可以根据 RDF 三元组的信息进行语义推理。例如，A 专家在 B 单位工作，C 专家在 B 单位工作，就可以便捷地通过语句推出 A 和 C 属于同事关系。因此，这对于专家关系探测与回避等问题是一个简单有效的方法。

可以根据 RDF 三元组的信息进行语义推理，伪代码如下。

```
<张三，isStaffof，A 单位>
<李四，sStaffof，A 单位>，
<?x, isStaffof, ?y>，<?z, isStaffof, ?y> -> <?x,is colleague,?z> =》<张三，is colleague，李四>
```

该语句的含义是：专家"张三"在 A 单位工作，专家"李四"也在 A 单位工作，就可以通过语句推理得出"张三"和"李四"属于同事关系。

在统一的语义模型下对专家信息进行语义化描述，并以计算机可读的方式进行语义判断和逻辑推理，这为专家关系探测、专家回避、专家发现等提供了一个有效的办法，能够克服单纯依靠传统结构化数据库采用字面匹配造成误差等问题，进而提高专家发现与服务能力。

3.1.4 小结

基于统一的专家描述框架，可以对各类异构专家信息库进行元数据层面的描述，并形成标准化的 XML 文件格式，进而采用 RDF 进行自动推理，实现语义层面的有效聚合。采用模块化设计，可以形成灵活、相互关联的人员信息元数据框架，针对不同应用场景实现数据组合与集成，为科研项目专家的遴选提供更有力的支撑。

3.2 专家研究专长发现

用户自然标注信息是指用户自主标注的数据，如关键词、分类号、语义标签等，具有符合用户认知习惯、更新速度快、规范性较高等特点，适用于构建领域知识库或知识组织系统。基于用户自然标注信息，本节研究了专家标注关键词分布规律，探索了表征专家研究专长的方法，形成了"小同行、细分类"的专家信息分类框架，并根据语义联想方法构建了自然标注术语与叙词表的映射，实现了专家与知识组织工具专业概念的自动关联与语义推理，进而提出了专家研究专长发现模型。其应用价值在于以下几个方面。

① 用户用词特点和分布规律可以反映专家个体的专长。本节以"肿瘤"领域文献中的用户标注关键词为基础，采用线性函数、二次项函数、幂函数和 Logistic 函数 4 个回归模型进行拟合，发现用户关键词分布符合幂律分布；进而采用 SPSS 软件对高频词分布规律进行量化描述，可以为专家研究专长描述提供可量化的参考依据。

② 通过用户自然标注构建术语库可以更好地反映科学共同体的研究热点与发展趋势。用户自然标注是指用户有意或无意中为各种资源进行的一定程度的义务"标注"，如网络用户对自己的资源或收藏的他人资源添加标签的活动，

标签是用户自主选取的、代表用户意图的符号[1]。同样，科技文献也具有很强的用户自然标注特点。作者或者编辑往往根据研究成果的内容归纳出关键知识点，给出能够代表该文本主要内容的标签或词语，如分类号、关键词、机构等信息，这类数据总体上是规范的知识资源，可以反映学科领域内专家研究热点前沿。

③ 术语库是开展人才信息自动标注的基础[2]。也是实现专家自动发现的必要基础。大数据环境下，机器往往需要依据相关的知识库，从专业文本进行切词、标引、分类等基础处理，为专家打上精确的标签，才能够实现专家的精准发现。而这往往依赖于术语词库等基础资源的建设。目前，许多知识库的建设主要依靠专家手工收集术语资源，不仅成本高、速度慢，而且不少术语很难符合用户使用习惯，其建设效率、覆盖面和更新速度有待提高。而用户自然标注为术语知识库提供了一个新思路，通过对具有社会属性的用户标注关键词特点进行梳理，有助于进行量化研究和分类处理，形成符合用户使用习惯、具有更大通用性的标签体系。

因此本书采用线性函数、二次项函数、幂函数和 Logistic 函数 4 个统计模型分别对作者关键词的分布特性进行模拟，为快速构建术语库、描述专家研究专长提供依据。

国内外对用户标注的研究主要集中在用户标注语义模型、用户标注行为等方面。在用户标注语义模型方面，白华[3]通过建立用户标注模型和语义联系，使用元数据与本体语言对用户标注进行语义描述，使之成为标签本体，以适应

---

[1] 孙茂松. 基于互联网自然标注资源的自然语言处理 [J]. 中文信息学报，2011，25 (6)：26-32.

[2] 马张华. 信息组织 [M]. 3 版. 北京：清华大学出版社，2008.

[3] 白华. 用户标注的词语网络与语义描述 [J]. 图书情报工作，2010，54 (2)：70-73.

新一代网络的发展。在用户标注行为研究方面,李枫林等[1]通过用户标注行为分析,详细研究了用户标注行为所反映的网页间相关性、标签间相关性及网页和标签间相关性的关联程度,并将这种相关性用于标签相关性计算,改进了SPR 算法。吴丹等[2]以武汉大学图书馆和豆瓣网为例,通过真实的用户日志数据比较二者的用户标注行为,为图书馆更好地开展图书标注服务提出建议。谢佳琳等[3]基于图书馆标注系统质量的视角,以信息系统成功模型为框架构建模型,研究了信息质量、系统质量、服务质量等对高校图书馆用户标注行为的影响。James Patterson 等[4]通过特定的方式对用户标注内容进行显示和隐藏,设计出了适合学生使用的电子书系统,为用户推荐合适的电子书。Michael A. Zarro 等[5]创建了个人和历史记忆、其他资源链接、修改、翻译等 4 种用户标注类型来了解图书馆用户的意图,以及在搜索、内容描述和信息检索方面的影响。另外,马费成等[6]利用标签分析和确定概念的序化与聚类,揭示了用户在图书标注环境下的认知特征。常唯[7]对网络环境下的用户标注进行了探析,讨论了用户标

---

[1] 李枫林,张景. 基于用户标注行为的相关性分析及重排序 [J]. 情报理论与实践,2010,33 (10):57-61.

[2] 吴丹,许小梅. 图书馆与图书分享网站的用户标注行为比较研究 [J]. 图书情报知识,2013 (1):85-93.

[3] 谢佳琳,张晋朝. 高校图书馆用户标注行为研究:以信息系统成功模型为视角 [J]. 图书馆论坛,2014,34 (11):87-93.

[4] JAMES P, NATHAN M, SCOTT D. Systems and methods for manipulating user annotations in electronic books: United States Patent,8520025 [P]. 2013-08-27.

[5] ZARRO M A, ALLEN R B. User-contributed annotations for libraries and cultural institutions [EB/OL]. [2017-06-26]. http://mikezarro.com/docs/Zarro-LRS-V-Poster.pdf.

[6] 马费成,张斌. 图书标注环境下用户的认知特征 [J]. 中国图书馆学报,2014,40 (1):4-14.

[7] 常唯. 论网络环境下用户标注的价值与应用 [J]. 图书情报工作,2008,52 (1):9-12.

注在资源组织、异构资源整合、协同过滤和推荐等方面的应用,进而分析其在资源创建、揭示资源内容、记录隐性知识、评价资源等方面的应用价值。

以上学者从用户标注模型、用户标注行为及用户标注聚类等角度对与用户标注相关的内容进行了研究,并取得了积极的进展。用户标注能够较为准确地反映用户的意图,符合用户对特定知识领域的认知和使用习惯,有利于将用户标注的内容用在知识组织、异构资源整合、信息推送等方面[①]。通过对用户自然标注数据的分析,能够反映不同专家对某一特定主题的描述方式和表达习惯,从而对专家研究专长进行分类和聚类,提高专家信息标引效率和推荐效果。

3.2.1 计算模型

3.2.1.1 回归分析算法

回归分析是通过一组预测变量(自变量)来预测一个或多个响应变量(因变量)的统计方法,可用于评估预测变量对响应变量的效果。通过建立预测变量和响应变量之间的数学模型,并对建立的模型的拟合效果进行检验,在符合判定条件的情况下把给定的解释变量的数值代入回归模型,从而计算出自变量未来的预测值,以此揭示专家研究专长的用词特点和分布规律。

设随机变量 X,对任意实数 x,函数 $F(x) = P(X \ll x)$, $-\infty < x < +\infty$,称为随机变量 X 的分布函数,简称分布函数。对于随机变量 X 的分布函数 $F(x)$,若存在非负的函数 $f(x)$,使得对于任意实数 x 有:

---

① PHILIP S, SHOLA P B, OVYE A. Application of content-based approach in research paper recommendation system for a digital library [J]. International journal of advanced computer science & applications, 2014, 5 (10): 37-40.

$$F(x) = \int_{-\infty}^{x} f(t)\,dt, \qquad (3-1)$$

则称 $f(x) = F'(x)$ 为 X 的概率密度函数，简称概率密度或密度函数。

根据分布函数和密度函数的定义，显然关键词的词频概率 y 为关键词词频 x 的密度函数 $f(x)$，累积概率 z 为 x 的分布函数 $F(x)$。常用的密度统计函数包括线性函数、二次项函数、指数函数、幂函数、对数函数、Logistic 函数等。根据自然标注术语关键词的词频分布规律，假设词频概率 y 与关键词词频 x 的常数幂存在简单的比例关系，则：

$$y = f(x) = F'(x) = \beta_0 x^{\beta_1}。 \qquad (3-2)$$

y 呈幂指数单调递减函数，随 x 的增加快速衰减。满足上述计算公式的函数叫作幂函数，用幂函数拟合得到的数据分布呈现幂律分布趋势。其中，x、y 是大于 0 的随机变量，参数 $\beta_0 > 0$、$\beta_1 < 0$。由 $f(\lambda x) = \beta_0 (\lambda x)^{\beta_1} = \beta_0 \lambda^{\beta_1} x^{\beta_1} = \lambda^{\beta_1} f(x)$ 可知，当 x 增加 λ 倍时，概率下降 λ^{β_1}。例如，若某一个关键词以词频为 1 出现的概率为 0.5，则该关键词以词频为 5 出现的概率为 $\dfrac{0.5}{5^{\beta_1}}$。由 $x^{-\beta_1} f(x) = \beta_0$ 可知，关键词出现次数的常数幂与其概率的乘积为常数，此常数表示关键词词频为 1 的概率。例如，某关键词出现的次数为 x，该关键词以词频为 x 出现的概率为 0.5，则有 $x^{-\beta_1} 0.5 = \beta_0$，其中，$\beta_0$ 和 β_1 是幂函数的两个参数。

对式（3-2）两边取对数，可知 $\ln y$ 与 $\ln x$ 满足线性关系。即幂律分布表现为一条斜率为幂指数的负数的直线，这一线性关系是判断给定的实例中随机变量是否满足幂律的依据。这种幂律分布的共性是绝大多数事件的规模很小，而只有少数事件的规模相当大。

本书采用幂函数对自然标注术语的词频分布进行回归分析。一方面，可以给专家研究专长和学术标签的构建提供统计学依据；另一方面，给专家领域分布规律提供了支撑，便于发现细分领域方向的同行专家。

3.2.1.2 拟合检验指数

拟合是指已知某函数的若干离散函数值，通过调整该函数中若干待定系数，使得该函数与已知点集的差别最小。在本书中，已知的函数值是自然标注术语的词频，根据相关函数（包括幂函数、线性函数、二次项函数和 Logistic 函数）进行拟合，以便得到最佳统计模型。同时，为了验证函数的拟合效果，本书对建立的数学模型分别进行了 R^2 检验、F 检验和 Sig 检验。

① R^2 检验是回归平方和与总离差平方和的比值，也称为样本可决定系数，是常用的回归直线拟合优度度量方法。表示总离差平方和中可以由回归平方和解释的比例，比例越大，模型越精确，回归效果越显著，就越能更好地揭示术语分布的规律。其中，回归平方和是样本回归直线所确定的估计值与平均值的差值平方和，其公式表示为 $\sum \hat{y}_i^2 = \sum (\hat{Y}_i - \bar{Y})^2$；总离差平方和指观测值的离差平方和，公式表示为 $\sum y_i^2 = \sum (y_i - \bar{Y})^2$。即

$$R^2 = \frac{\sum \hat{y}_i^2}{\sum y_i^2} = \frac{\sum (\hat{\beta}_1 x_i)^2}{\sum y_i^2} = \hat{\beta}_1^2 \frac{\sum (x_i)^2}{\sum y_i^2} 。 \qquad (3-3)$$

R^2 介于 0~1，越接近 1 说明拟合效果越好，一般认为超过 0.8 的模型拟合度比较高。

② F 值是对回归方程的显著性检验，表示的是模型中被解释变量与所有解释变量之间的线性关系在总体上是否显著做出判断。一般情况下，F 值越大，则认为列入模型的各个解释变量联合起来对被解释变量的影响越显著，反之，则无影响。

③ Sig 值代表 t 检验的显著性。其中 t 值越大，Sig 值就越小。t 的数值表示的是对回归参数的显著性检验值，t 值越大，则认为在其他解释变量不变的情况下，解释变量 x 对被解释变量 Y 的影响越显著。相反，t 值越小，则表明解释变量 x 对被解释变量 Y 的影响越微弱。

本书对线性函数、二次项函数、幂函数和 Logistic 函数 4 个回归模型分别进行上述 3 种拟合指数检验，以判别各个模型对给定的自然标注术语词频分布有效性。随后选取最佳统计模型，进而揭示术语的分布规律。

3.2.2 实验

3.2.2.1 数据来源

本实验数据来源于万方数据[①]引用的 2000—2017 年核心期刊科技论文，以肿瘤（R73）学科为例，提取所有的自然标注关键词及各关键词对应的词频。将关键词按照词频降序排列，为了准确统计术语的分布规律，本实验在前期处理中不加人工干预，将提取的自然标注关键词全部保留进行回归分析。

3.2.2.2 实现流程

本实验将从核心期刊提取到的自然标注术语进行预处理，运用 SPSS 软件先画出术语词频的分布散点图进行预估计，根据散点图结果采用线性函数、二次项函数、幂函数和 Logistic 函数进行回归拟合并对拟合结果进行检验，最后选出最佳回归模型，其具体过程如图 3-8 所示。

其中 4 个拟合函数的统计学意义分别为以下内容。

① 线性函数，假设自然标注关键词词频具有线性增长或减少的趋势，其函数表示为：

$$y = \beta_0 + \beta_1 x, \quad (3-4)$$

则自然标注术语词频的增长速率为 β_1。

② 二次项函数，假设关键词词频之间不仅是线性增长关系，还呈现平方增

---

① 万方数据［EB/OL］．［2019-05-29］．http：//www.wanfangdata.com.cn.

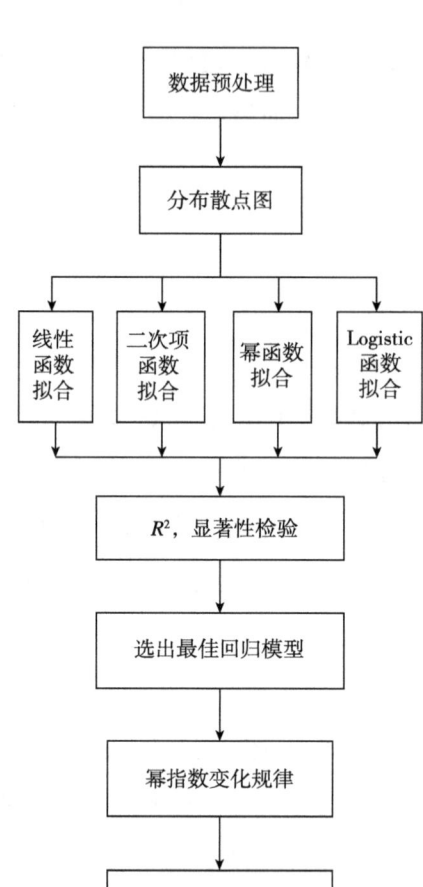

图 3-8 术语分布计算流程

长趋势,其基本函数表达式为:

$$y = \beta_0 + \beta_1 x + \beta_2 x^2 \text{。} \quad (3-5)$$

根据二次项函数的结构可知,词频分布呈现先增后减(或先减后增)趋势。

③ 幂函数,假设自然标注术语的突减速度较快,函数值的大小差别较大,其函数表达式为:

$$y = \beta_0 x^{\beta_1}, \qquad (3-6)$$

其中，y 随 x 的增加快速衰减。服从幂函数统计规律的词频呈现幂律分布特征。

④ Logistic 函数，假设自然标注关键词词频变化呈现增长趋势，即先增长后趋于平稳，其函数表达式为：

$$y = \frac{1}{1+\beta_0 \beta_1^x}。 \qquad (3-7)$$

为了得到自然标注术语的最佳统计模型，分别用上述 4 个函数模型进行拟合，并对拟合结果进行检验。

3.2.2.3 "肿瘤"领域分布规律分析

3.2.2.3.1 关键词词频分布规律统计

选取核心期刊中关于肿瘤（R73）学科的所有用户自然标注关键词和分类号，将各分类号与关键词转化为量化数据，得到 154 467 条数据，并将各分类号对应的术语按照出现关键词频率进行降序排列，由于 SPSS 在分析过程中无法处理字符串类型，所以用数字 1～154 467 代表 154 467 个关键词。用散点图对术语的词频分布进行初步估计。

自然标注术语词频分布呈现明显的幂律分布特征，运用最小二乘法和非线性迭代计算方法，利用 SPSS19 软件工具，先后采用 4 个模型对关键词词频数据进行曲线拟合实验和比较，从中选择拟合优度良好并符合实际的分布模型为最终模型。根据模型拟合的决定系数 R^2 来说明模型与样本的拟合程度。

计算结果表明，低词频关键词具有规模大、概率高等特点，并且随着关键词词频的增加，词频出现的概率快速降低，高词频仅占很小的部分。

根据表 3-1 可知，154 467 条数据拟合结果中，线性函数拟合和二次项拟合的拟合指数均小于 0.1，Logistic 函数的拟合指数小于 0.8，所以拟合效果比较差，而幂函数的拟合指数 $R^2 = 0.946 > 0.8$，方差分析的 F 值为 2 722 731.564，显著性水平为 0.00。选择最佳模型的理由是：①显著性效果明显，使模型能最大限度地解释样本数据的变异；②拟合效果好，即 R^2 值较高。比较表格中的参数数据，选择幂函数作为关键词词频的分布模型，拟合参数 $\beta_0 = 112\,143.341$，$\beta_1 = -1.007$，故关键词词频的密度函数为：

$$y = f(x) = 112\,143.341 x^{-1.007}。 \quad (3-8)$$

从密度函数 $y = f(x) = \beta_0 x^{\beta_1}$ 可知，当关键词出现次数为 1（$x=1$）时，概率 $f(1) = \beta_0$，密度函数为常系数。当 $x \to \infty$ 时，$\lim_{x \to \infty} f(x) \to 0$，也就是说，关键词出现次数的概率趋近于 0。

关键词词频分布整体呈负幂律分布，2000—2017 年整体幂指数为 -1.007。这说明专家分布在少量广受关注的热门领域，他们不仅引领了这些领域的主流方向，而且具有"累积优势"，未来可能会吸引更多专家与他们形成潜在合作关系。

表 3-1 4 个模型的拟合检验和参数评估

方程式	模型摘要					参数评估		
	R^2	F	df_1	df_2	显著性	β_0	β_1	β_2
线性函数	0.010	1619.794	1	154 465	0.000	30.673	0.000	
二次项函数	0.025	1982.066	1	154 465	0.000	64.368	-0.002	0.000
幂函数	0.946	2 722 731.564	1	154 465	0.000	112 143.341	-1.007	
Logistic 函数	0.570	204 852.974	1	154 465	0.000	0.142	1.000	

3.2.2.3.2 术语词频的幂指数变化规律

关键词作为反映文献研究核心内容的符号，可以印证专家群体从无到有、从小到大的发展过程。同理，在科研领域中往往有一些主流的专家群体或者学术流派，其研究方向通常会以高频关键词的形式出现在文献中，即科技术语出现频次不均，呈现出明显的幂律分布特征。从时间维度，分别对每一年的术语关键词词频进行统计并用幂函数进行回归拟合，有助于对专家的研究专长和学术群体进行拟合。拟合结果如表3-2所示。

表3-2 2000—2017年幂指数统计

年份	F	显著性	模型参数 β_0	模型参数 β_1
2000	13 836.497	0.000	782.2	-0.766
2001	29 746.020	0.000	1595.3	-0.805
2002	36 091.391	0.000	1904.9	-0.819
2003	46 327.660	0.000	2286.5	-0.828
2004	45 027.157	0.000	2220.4	-0.828
2005	47 468.267	0.000	2947.7	-0.843
2006	54 013.550	0.000	3627.6	-0.854
2007	50 211.551	0.000	3988.4	-0.859
2008	50 053.846	0.000	4097.3	-0.857
2009	50 105.352	0.000	4300.0	-0.861
2010	47 777.201	0.000	3930.0	-0.847
2011	47 418.597	0.000	3427.7	-0.834
2012	50 811.378	0.000	2857.7	-0.824
2013	51 016.258	0.000	1889.7	-0.800
2014	50 536.900	0.000	1874.6	-0.794
2015	45 570.484	0.000	1772.4	-0.786
2016	49 399.511	0.000	1689.3	-0.778
2017	4916.818	0.000	163.8	-0.626

表3-2表明，用幂律曲线拟合关键词分布，2000—2016年模型的拟合优度均在90%以上，2017年的拟合优度相比低一些（这与2017年文献统计不完全有关），但也在88%以上，高于统计学设定的0.8拟合指数，这说明"肿瘤"学科术语和专家群体的整体分布趋势符合幂律分布，因此在专家专场总体保持了稳定，可以用较少的高频术语来表征大部分领域专家研究专长和发现同行专家，缓解因专家研究专长的标识用词过于发散而导致的专家抽取不够精准的问题，从而为专家标签体系的设计提供了统计学依据。

词频分布幂指数的变化也具有一定规律性。术语词频分布的幂指数呈现先增大后减小的趋势，可以看出术语词频分布的幂指数整体呈现稳定趋势，如图3-9所示。

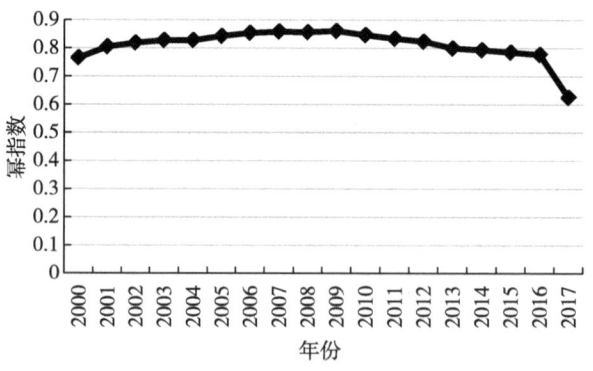

图3-9 2000—2017年幂指数变化趋势

可以看出，词频的指数变化趋势与时间具有相关性，表现为以下几个方面。

① 初期上升。这是因为随着人们对肿瘤学领域的研究逐渐深入，各方面理论相对成熟，所以关键词词频趋于稳定，这表明学科专家群体趋于成熟稳定，选择这些关键词，可以涵盖该学科的大部分专家。

② 随后幂指数逐渐减小。幂律分布的"长尾"也在不断增长，这说明本领域的新知识、新内容不断增加，出现了一些新的术语，代表了新的研究方

向和人们关注点的转移，对发现细分领域、新兴领域的专家有较大帮助。

3.2.3 小结

本节通过对 4 个回归函数的计算和拟合实验，发现专家研究方向在用词规律方面基本符合幂函数分布，存在显著的"长尾"现象。由此，在专家研究专长描述中，可以将符合幂律分布的高频词作为基础词，以满足对专家信息进行标签化语义描述的需要；对"长尾"中的词语，则可以进行分类处理，如异形词、新词等，这些词语可以通过向核心词挂靠等方式，纳入知识组织体系，这为开展专家专长识别和细分领域小同行专家分布提供了可量化的统计学依据，并为新兴领域的专家发现、非共识项目的同行评审等应用提供了新的思路。

3.3 同行专家发现

同行专家往往使用相近或相似的术语，术语自动聚类是大数据环境下实现"小同行"专家发现的有效手段。在共词计算基础上，引入两步聚类法，设计了术语遴选、两步聚类和评价迭代聚类流程，形成了立体化、网络化、开放式的知识组织方式，用于发现同行专家。以肿瘤领域术语为例构建共现关系网络，采用两步聚类法进行自动聚类，再进行实证研究，并对其区分度进行评测。实验结果表明，该方法聚类效果较好，有助于提高领域知识组织的内聚性，以自动化方式动态揭示知识之间的关联，支撑同行专家的发现。

与自动分类（Classification）方法类似，自动聚类（Clustering）也是大数据环境下知识组织的重要支撑技术。其意义在于，自动聚类事先并不依赖既定的固定分类框架，而是依靠统计模型和语料数据，按照语义关联性对术语和词之间的关系进行语义计算，以更细的颗粒度揭示知识的主题相关性与局部关联性，其语义关联性、自适应能力及可移植性更高，比较适合大数据时代对知识的有效组织，对于提升信息检索、信息推送、知识导航等智能化水平具有重要的理论价值和应用价值。

自动聚类的核心是语义计算。当前，图书情报界通过共词计算等方法构建共现关系网络，其可以对少量的术语及词间关系进行可视化展示和分析。以开放领域的术语共现关系网络为基础，引入聚类算法，对专业领域的术语进行自动聚类，更精细、更准确地提高知识的内聚性和关联性，这是本书的核心目标。以当前社会关注度较高、文献数据基础较丰富的肿瘤领域为例，其不仅有助于直接应用于肿瘤领域知识管理和服务，而且有望形成具有一定普适性的专家群体发现方法。

在专业领域构建知识网络，有助于形成更深层次、更有针对性的知识组织方式。在知识网络中，节点一般代表专业概念的术语；边表示知识单元之间的连接关系，如词语之间的相关关系。由于知识网络是一个复杂、抽象的动态网络，因此需要按照逻辑关系对术语进行有效聚类，才能删繁就简、提高知识的可读性和可用性。Shihn-Yuarn Chen 等[1]利用与语义相关的对数似然比和 K-Means 方法，对文献资料搜索结果组织的概念进行提取和聚类，同时通过聚类和引文耦合实现搜索结果的组织和可视化呈现。Zheng Xu 等[2]研究了挖掘文本中实体、关系的语法和语义模型、关系的上下文句子、关系背景知识图、关系出现的背景区域等识别方法，对实体的不同语义关系进行挖掘，从而探讨实体中不同语义关系随时间变化的演化规律。Fidelia Ibekwe-Sanjuan 等[3]从科技语料库中挖掘低频术语，用于科技热点的监测。Eric Sanjuan[4]从术语监测的角度，

---

[1] CHEN S Y, CHANG C N, NIEN Y H, et al. Concept extraction and clustering for search result organization and virtual community construction [J]. Computer science and information systems, 2012, 9 (1): 323-355.

[2] XU Z, LUO X F. Mining temporal explicit and implicit semantic relations between entities using web search engines [J]. Future generation computer systems, 2014, 37: 468-477.

[3] IBEKWE-SANJUAN F, SANJUAN E. Mining textual data through term variant clustering: the term watch system [C] // Recherche d'Information et ses Applications Avignon France. France: [s. n.], 2004: 487-503.

[4] SANJUAN E. Term watch II: unsupervised terminology graph extraction and decomposition [C] // International Joint Conference on Knowledge Discovery, Knowledge Engineering, and Knowledge Management. Berlin Heidelberg: Springer-Verlag, 2011: 185-199.

提出了基于图结构的术语聚类方法。总之，面对大规模的专业知识进行聚类、构建领域知识网络，是实现知识有序化和同行专家发现的重要工作。

学术界已经探索了不少构建领域知识网络的方法，如社会网络分析、共词、K均值聚类等研究成果。Elan Saason等[1]提出了基于共词分析方法扩展概念图的研究模型，使用网页计量网络计数来改进相似性度量。王玉林等[2]针对共词分析方法存在的共现词对的"同量不同质"问题、共词分析结果解释的"不一致"问题等，提出一种细粒度语义共词分析方法。施水才等[3]使用条件随机场模型统计领域术语的词性组合概率，用于识别领域术语，这对于新词发现也有参考作用。吴云芳等[4]从图的角度，研究了术语同义关系计算方法。另外，还有学者从复杂网络[5]、词向量[6]、语义计算[7]、K-means算法优化[8]、主题发现[9]

---

[1] SAASON E, RAVID G, PLISKIN N, et al. Improving similarity measures of relatedness proximity: toward augmented concept maps [J]. Journal of informetrics, 2015, 9 (3): 618-628.

[2] 王玉林，王忠义. 细粒度语义共词分析方法研究 [J]. 图书情报工作, 2014, 58 (21): 73-80.

[3] 施水才，王锴，韩艳铧，等. 基于条件随机场的领域术语识别研究 [J]. 计算机工程与应用, 2013, 49 (10): 147-149, 155.

[4] 吴云芳，石静，金澎. 基于图的同义词集自动获取方法 [J]. 计算机研究与发展, 2011, 48 (4): 610-616.

[5] 杨博，刘大有，Jiming，等. 复杂网络聚类方法 [J]. 软件学报, 2009, 20 (1): 54-66.

[6] 夏天. 词向量聚类加权 TextRank 的关键词抽取 [J]. 数据分析与知识发现, 2017, 11 (2): 28-34.

[7] 赵鹏，蔡庆生. 一种基于《知网》的中文文本聚类算法的研究 [J]. 计算机工程与应用, 2007, 43 (12): 162-163.

[8] 周世兵，徐振源，唐旭清. 新的 K-均值算法最佳聚类数确定方法 [J]. 计算机工程与应用, 2010, 46 (16): 27-31.

[9] 崔家旺，李春旺. 基于关联数据的类簇语义揭示模型研究 [J]. 数据分析与知识发现, 2017 (4): 57-66.

等角度对聚类方法进行研究。总体来看，聚类的本质是对语义关联度的计算，从而提高术语计算的准确性，这个观点在学术界已经初步形成共识。

上述方法都各具特色，并取得积极进展。面向专业领域的术语聚类仍需要进一步研究，这是因为共词计算主要体现的是语义相关性，整体是平面化的网络结构，其层次化关联揭示不足，因此需要研究面向计算机的聚类算法，以建立层次化、立体式的知识网络结构，同时，应该突破矩阵规模影响，对大规模真实场景的专业术语进行揭示，以提高该方法的普适性。所以，本节将从术语聚类着手，以两步聚类方法为基础，优化聚类分析方法，探索开放式、自动化的同行专家发现方法。

随着近年来数据仓库和数据挖掘技术的逐渐成熟，海量数据的聚类分析已经成为一个现实的问题，人们希望找到这样一些聚类方法——它们计算量较小，能自动判断最佳类别数，同时又能发掘类别间的复杂联系。借助于人工智能技术的发展，一系列新的智能聚类方法被提出，其中较常见的是两步聚类法。

两步聚类法具有3个特性。首先，用于聚类的变量可以是连续变量也可以是离散变量，避免了大量的预处理工作；其次，相比于其他聚类算法，两步聚类法占用内存资源少，对于大量数据运算速度较快；再次，它将统计量作为距离指标进行聚类，同时又可根据一定的统计标准"自动地"建议甚至确定最佳类别数，使结果的正确性更有保障。

3.3.1 计算模型

本书采用两步聚类法＋层次聚类法对术语关键词间的关联性进行判定，依次包括3个主要阶段：①预处理阶段，实现对关键词数据的提取、高频词的抽取并形成计算矩阵；②聚类阶段，通过两步聚类法，迭代进行聚类并优化，这也是最关键的步骤；③输出阶段，对领域知识网络进行可视化分析与应用，并进行动态更新①。具体实现流程如图3–10所示。

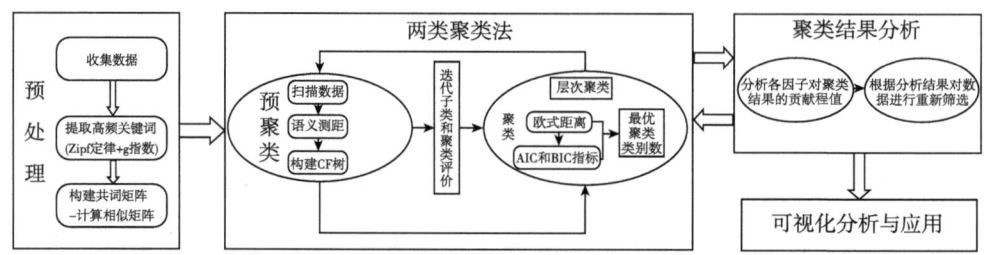

图3–10 领域知识网络两步聚类法总体流程

3.3.1.1 词语遴选计算模型

选择关键词构建共词矩阵是共词分析的第一个关键步骤。本部分采用以高频词为主构建初步知识网络，然后低频词向高频词近似挂靠的办法，逐步实现知识网络的扩展。

对于高频词阈值的设定主要有两种方法：一种是基于经验的判定法；另一种是结合齐普夫定律判定阈值。

3.3.1.1.1 高频词遴选：齐普夫第一定律

$$\frac{I_n}{I_1} = \frac{2}{n(n+1)}。 \qquad (3-9)$$

其中，I_n 表示出现 n 次的词量，I_1 为出现一次的词量。

齐普夫第二定律——高频词分界公式为：

$$T = \frac{-1+\sqrt{1+8I_1}}{2}。 \qquad (3-10)$$

---

① 宋培彦，李丹丹. 肿瘤领域关键词共现网络聚类方法研究 [J]. 医学信息学杂志，2018，39（8）：51-57.

其中，T 为高频词和低频词的分界频次，I_1 为出现一次的词的数量。例如：$T = 100$，则出现次数大于 100 的为高频词，其余为低频词。

齐普夫定律是以低频词作为高低频词分界的依据，当研究领域范围过大时容易产生太过抽象、具体的词及不相关的词语。另外，鉴于术语同义词较多，导致中文文献中的词频统计可能不够准确，特别是当词频分布中存在较多极高或极低频次的术语时，齐普夫定律设定的阈值效果会受到影响。

3.3.1.1.2 低频词处理

低频词有助于获取一些隐含主题或新兴主题的信息，因此，在运用共词分析方法时，在获得一定数量的高频词后，借助机器学习算法挖掘表意性较强且含有大量重要共现关系的中、低频词对其进行补充，对两者结合形成的新共词矩阵进行分析，这样在兼顾数据处理精度与计算代价的同时，也能够最大程度地反映领域知识全貌，为新兴领域或者交叉领域的专家发现提供支撑。

3.3.1.2 建立高频关键词共词矩阵

两两统计不同关键词在同一篇文章中共同出现的次数，形成一个共词矩阵。为了消除频次间的差距对分析结果造成的影响，将共词矩阵的数据转化成相关矩阵。引入 $Ochiia$ 相似系数法进行计算，将共词矩阵转换成相关矩阵。

计算公式为：

$$Ochiia \text{ 系数} = \frac{N_{ij}}{\sqrt{N_i \times N_j}} \text{。} \qquad (3-11)$$

其中，N_i 和 N_j 分别代表关键词 i 和 j 出现的次数，N_{ij} 指关键词 i 和 j 共现的次数。

在所得的相关矩阵中由于 0 值过多，进行统计分析时易造成较大误差，为方便处理，用"1"减去相关矩阵中的每个数据，从而得到表示两词间相异程度的相异矩阵。

3.3.1.3 两步聚类法

两步聚类法分为两个步骤。第一步是预聚类,即对案例进行初步归类(允许的最大类别数由使用者自己指定);第二步是正式聚类,此时将对第一步得到的初步类别进行再聚类并确定最终的聚类方案,在这个步骤中会根据实际需求确定聚类的类别数量与层级深度①。

(1)预聚类

本步骤通过构建和修改聚类特征树完成。聚类特征树包含许多层的节点,每一节点包含若干案例。与树模型类似,聚类特征树也把节点区分为分枝节点与叶节点。每一个叶节点代表一个子类。

针对每一个案例,都要从根开始进入聚类特征树,并依照节点条目信息指引找到最接近的子节点,直到到达叶节点为止。如果这一案例与叶节点中条目的距离小于临界值,则进入该节点,并且各节点的聚类特征都会更新,反之该案例会重新生成一个叶节点。如果这时叶节点的数目大于指定的最大聚类数量,则聚类特征树会通过调整距离临界值进行重新构建。当所有案例都通过上述方式进入聚类特征树时,预聚类过程结束。

(2)正式聚类

将第一步得到的预聚类结果作为输入,对之进行再聚类。由于这个阶段所需处理的类别已经远远小于原始数据的数量,所以可以直接采用传统的聚类方法进行处理。一般采用合并型层次聚类法进行。

其中,层次聚类方法是指集群不断融合的过程,直到一个集群组将所有的记录全部覆盖。这个过程始于为每个子集定义一个初始集群。然后,将所有集群进行比较并且集群之间距离最小的两个集群会合并成一个集群。这个过程一直迭代执行,直到所有集群已经合并。因此,它能够简单、快速地比较不同数

---

① 宋培彦. 术语计算与知识组织研究 [M]. 北京:科学技术文献出版社,2018.

量的集群并进行聚类。采用层次关系对整个分析过程进行计算,每一步完成的合并或者分割都可以用一张二维图形,即"树状图"来表示。

计算集群间的距离可以使用欧氏距离和对数似然距离。欧氏距离适用于连续变量的情况,对数似然距离既可以分析连续变量也可以计算离散变量。其中,空间中任意两个点 A、B,对应的坐标分别为 $A(x_1, y_1)$,则 AB 对应的平方欧式距离计算公式为:

$$|AB| = \sqrt{(x_1 - x_2)^2 + (y_1 - y_2)^2}。 \quad (3-12)$$

在层次聚类的每一个阶段,都会计算反映现有分类是否适合现有数据的统计指标:赤池信息准则 AIC(Akaike Information Criterion)和贝叶斯信息准则 BIC(Bayesian Information Criterion),这两个指标越小,说明聚类效果越好。两步聚类法会根据 AIC 和 BIC 指标的大小,以及类间最短距离的变化情况来自动确定最优的聚类类别和数量,实现所有词语各入其类。

3.3.2 数据实验:以"肿瘤学"为例

3.3.2.1 数据预处理

本书首先对万方数据"肿瘤"领域 2000—2016 年核心期刊中用户关键词进行统计,得到 154 535 个原始关键词。根据关键词的齐普夫分布规律,按出现频次选择前 10% 的词语作为候选,然后由人工判断,删去其中无实际意义的关键词,并对剩余的同义关键词进行合并,最后实际确定了 15 260 个关键词。将这些关键词按照出现频率由高到低进行排序,作为最终聚类的候选数据集。

3.3.2.2 高频词选定

为了选取合适的高频词汇以进行聚类分析,通过齐普夫第二定律进行了高频词的选取,得到高频词的阈值为 199,并取前 837 个关键词作为高频关键词进行后续的聚类分析。为了便于计算和辨识,对每个关键词都加了编号,以避免词语歧义问题,并作为种子类别使用。

3.3.2.3 两步聚类

聚类的目的是将数据聚集成类,使得不同类间的相似性最小,而同一类中的相似性尽可能大。通过将共词矩阵导入 SPSS19 中进行共词聚类分析,选择"分析"→"分类"中的"两步聚类",计算结果如图 3-11 所示。

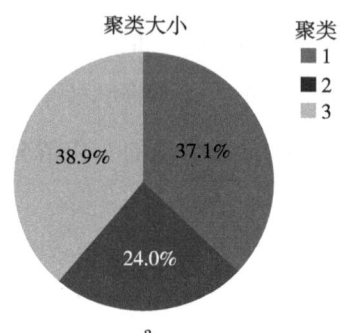

图 3-11　聚类结果概要

图 3-11 为反映聚类大小的饼图,可以看出,这些关键词一共被分为 3 类,每类所占比例分别为 38.9%、37.1% 和 24.0%,分布比较均匀。

为了进一步考察聚类结果的详细信息,给出了模型概要中的详细聚类信息。首先给出各变量的主要分布特征,然后在进行聚类分析时,需要考虑用于进行聚类分析的变量区分度。如果变量的重要性比较低,可以考虑剔除这些变量,再重新进行聚类分析,按照关键词对聚类结果的贡献度降序排列,可以识别出核心类别。根据表 3-3 可以看出,关键词 15"胶质瘤"的重要性最高,学科区分对比较明显,对聚类分析结果贡献度较大;其次是 152"肝细胞癌"、218"胃癌"和 498"膀胱癌",其在医学中属于不同的类别,对肿瘤学的学科分类也有相当程度的区分度（大于0.8）；重要性最低的是390"喉肿瘤"、719"癌"、669"癌，鳞状细胞"、288"X 线计算机"这些词，其属于肿瘤中的常见词或非规范词，出现次数多但对聚类分析的贡献度较低，所以在后续聚类分析中可以归入下位类。

表3-3 关键词对聚类结果的重要性

关键词词号	重要性	关键词词号	重要性
15	1.00	610	0.17
152	0.92	288	0.17
218	0.84	669	0.16
498	0.81	719	0.16
57	0.81	390	0.15

图3-12是将编号分别为152和390两个词语的贡献值进行可视化展示，发现这两个词语呈现出明显的差异，由此判断这两个关键词对聚类结果的贡献度差别较大，152"肝细胞癌"类别特征更为明显，可以作为核心类别优先聚类。

3.3.2.4 聚类结果分析

从两步聚类结果中对聚类结果不重要的关键词进行归并或舍弃，如"诊断""化疗""基因""人类"等对聚类不明显的常规词。将剩余词语重新计算，得到新的共词相关性矩阵，经过人工判断之后最终得到具有61条核心关键词的相似度矩阵，并对矩阵采用系统聚类方法进行重新聚类分析，将数据导入SPSS19中点击"分析"→"分类"→"系统聚类"，并生成树状图，聚类过程如表3-4所示。

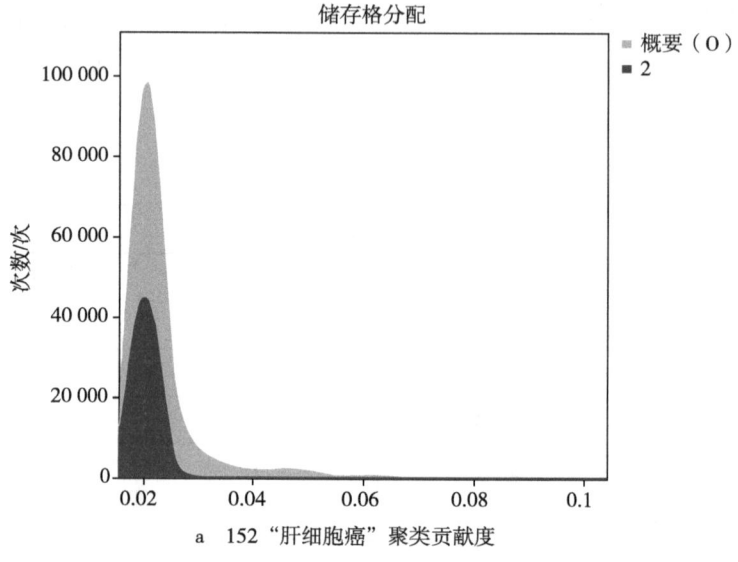

a 152 "肝细胞癌"聚类贡献度

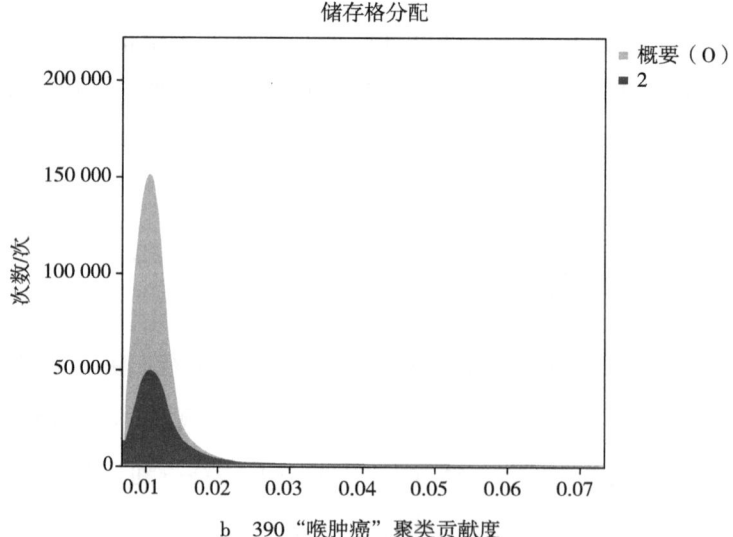

b 390 "喉肿瘤"聚类贡献度

图3-12 关键词对聚类结果的贡献值

表3-4 关键词聚类归并计算过程

阶段	结合的群集		系数	阶段群集第一次出现		下一个位置
	群集1	群集2		群集1	群集2	
1	35	50	0.000	0	0	14
2	21	32	0.000	0	0	5
3	22	60	0.000	0	0	9
4	26	40	0.000	0	0	32
5	21	51	0.000	2	0	7
…	…	…	…	…	…	…
31	52	55	0.002	0	0	44
32	26	30	0.002	4	19	34
33	3	11	0.002	26	28	34
…	…	…	…	…	…	…
58	3	56	0.016	57	0	60
59	1	2	0.020	0	0	60
60	1	3	0.045	59	58	0

表3-4给出了聚类分析的详细过程,"结合的群集"给出了在某一步骤中参与合并的对象。第一步关键词35和关键词50合并,第二步关键词21和关键词32合并,第三步关键词22和关键词60合并。依此类推,直到所有变量全部被合为一类。"系数"列给出了每一步聚类的聚类系数,该数值表示被合并的两个类别之间的距离大小,即按照组间平均连接法计算出的两类间平均平方欧式距离。"阶段群集第一次出现"表示参与合并的对象最早出现在第几步,0代表第一次出现。"下一个位置"表示在第几步中与其他类再进行合并。最终聚类结果如图3-13所示。

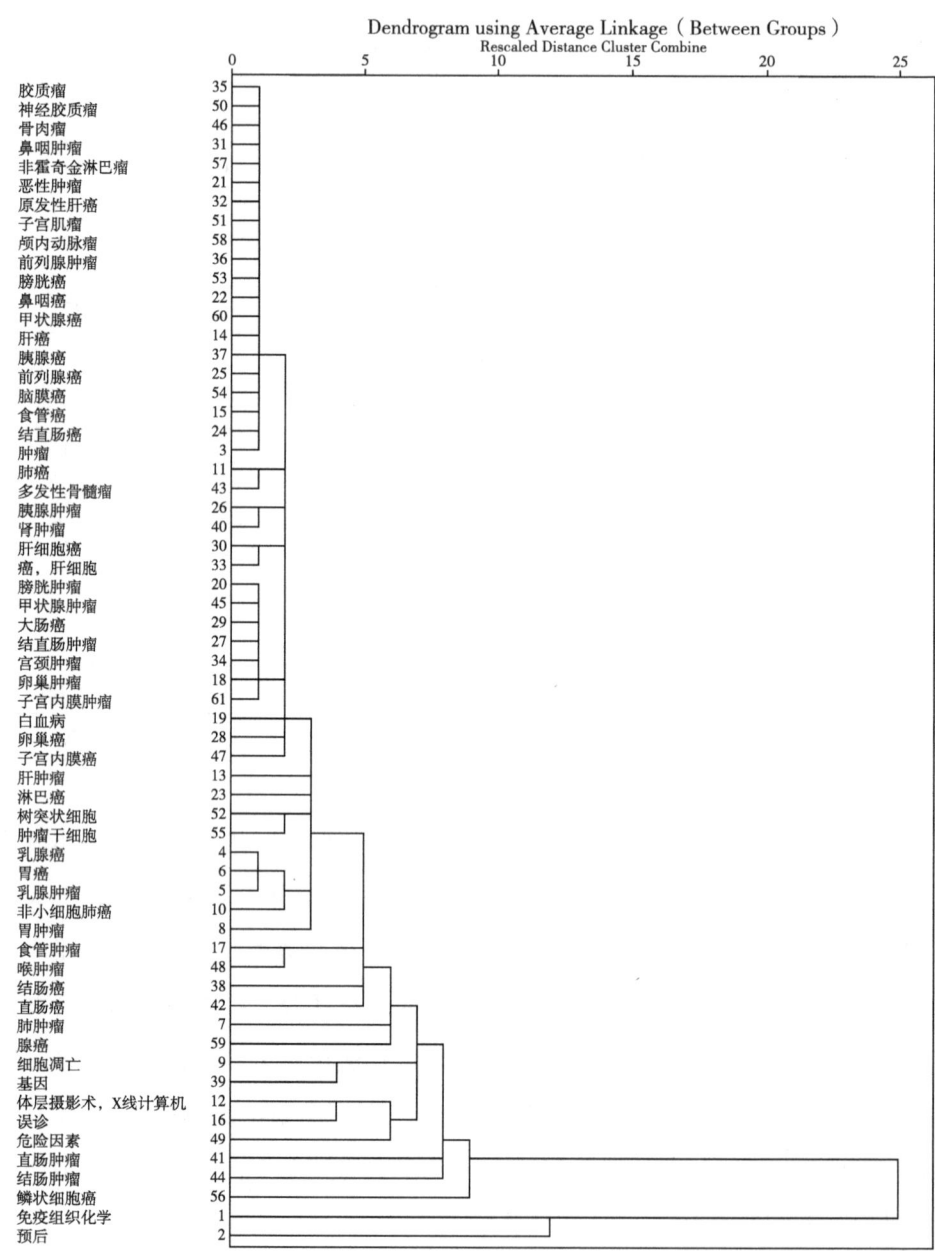

图3-13 聚类分析树状图

在图 3-13 所示的聚类分析树状图中，可以看出"胶质瘤""神经胶质瘤""骨肉瘤""鼻咽肿瘤""非霍奇金淋巴瘤""恶性肿瘤""子宫肌瘤""颅内动脉瘤"等首先被聚为一类，"预后"和"免疫组织化学"被单独分为一类，"体层摄影术、X线计算机""误诊"被分为一类，这也说明不同类型的肿瘤病情之间相关性比较大，同一类别的内聚性比较强，聚类效果较为理想。

实验表明，与以往的聚类方法相比，两步聚类法具有较为突出的特点。首先，用于聚类的变量可以是连续变量也可以是离散变量，它能够处理不同类型的数据，比较适合于文本处理与形式化计算；其次，两步聚类法占用内存资源少，运算速度较快，适合对大量数据的聚类；最后，它是将统计量作为距离指标来辅助进行聚类决策，同时又可根据一定的统计标准"自动地"评价甚至确定最佳类别数量，从而逐步达到较高的准确率和召回率。

3.3.3 小结

从术语进行自动聚类，本质上是根据评价函数逐步逼近现实类别体系的过程，最终实现专家的"人以群分"，以满足科研项目中"小同行专家"的发现、组织、管理、检索等需求。两步聚类法的计算量较小，能自动判断最佳类别数与类别层级，同时又能发掘类别间的复杂联系，比较适合处理一定规模的专业领域的科技术语聚类问题。聚类算法需要多次迭代，低频词的噪声干扰还比较大，将低频词（其中不少是代表新知识的新术语）进行准确聚类，特别是将关键词与现有的规范词表进行融合，将有助于提高同行专家发现的准确性和适应性。

3.4 专家学术影响力与活跃度

专家的学术影响力具有学科特性和时变性。通过将专家文献在科学共同体中的被引用情况进行量化分析,可以动态识别专家的学术影响力,进而引入可计算的模型和指标,便于计算机进行自动化操作,形成数据驱动的专家发现新方法,不仅能够完善科学计量、科技评价等基础研究,在实践中也有助于提高专家遴选的客观性和准确性,具有重要的研究价值。此外,结合作者文献的引用链与频次、作者承担的项目信息,在大规模文献中对权威专家的影响力进行识别和验证,并结合语义关系进行排序,能够更准确地发现高影响力的权威专家。

图书情报界已经提出了一些可量化的学术影响力计算模型,可以辅助用于人才发现与评价。自 2005 年 J. E. Hirsch 提出 h 指数以来,其已经得到了业内认可,并产生了 h 指数的众多变体,如 g 指数、R 指数、q^2 指数、m 指数等,总体来看,h 指数具有简单直观、计算便利的特点,在图书情报界有很多研究[1],适用于对科研人员进行评价。例如,Judit Barilan[2] 利用 h 指数,分别对从

---

[1] 叶鹰. H 指数与 H 型指数研究 [M]. 北京:科学出版社,2011.

[2] JUDIT B. Which h-index? a comparison of WoS, scopus and google scholar [J]. Scientometrics, 2008, 74 (2): 257-271.

Web of Science、Scopus 和 Google Scholar 3 个数据库中检索出高被引的以色列研究人员进行比较研究；邱均平等①利用 h 指数，对 CSSCI 收录的 2002—2004 年图书情报领域被引次数最多的前 50 名作者的个人科研绩效进行评价；宋振世等②利用 h 指数，对华东师范大学的 1234 位教师进行科研影响力评价，并针对 h 指数在评价中的问题，提出了 h 指数的改进指数——hp 指数。同时，研究者们也指出 h 指数本身还存在一些局限性。例如，作者影响力只升不降、灵敏度不够高；对文献作者的区分度存在一些误差等。对于科研管理等实际应用来说，其对专家推荐的匹配度、区分度和灵敏度都有很高的期待，往往需要灵敏度、区分度和时效性更强的专家推荐结果，因此有必要尝试更适用的计算模型。

标准化影响因子（Normalized Impact Factor，NIF）指数是由 George E. A. Matsas George③于 2012 年提出的一种新型评价和计算方法，从文献引用的角度对人员、文献或者期刊进行评价。在此之前，Gregory D. Webster 等④和 Lutz Bornmann⑤指出，一篇论文参考文献的数量和它被引次数成正相关，参考文献

---

① 邱均平，缪雯婷. H 指数在人才评价中的应用：以图书情报学领域中国学者为例[J]. 科学观察，2007，2（3）：17-22.

② 宋振世，周健，吴士蓉. h 指数科研评价实践中的应用研究[J]. 图书情报工作，2013，57（1）：117-121，135.

③ GEORGE E A M. What are scientific leaders? The introduction of a normalized impact factor[J]. Brazilian journal of physics, 2012, 42 (5-6): 319-322.

④ GREGORY D W, PETER K J, TATIANA O S. Hot topics and popular papers in evolutionary psychology: analyses of title words and citation counts in evolution and human behavior, 1979-2008 [J]. Evolutionary psychology, 2009, 7 (3): 348-362.

⑤ LUTZ B. Scientific peer review [J]. Annual review of information science & technology, 2011, 45 (1): 197-245.

多的论文有更大的概率被推荐,也因此更容易被引用。Marek Kosmulski[①] 认为,如果一篇论文的被引次数大于其参考文献的数量,那么这篇论文就是"成功论文",并进一步提出用成功论文数(The Number of Successful Papers, NSP)来评价专家的学术水平。而 NIF 指数也是从论文的被引次数、参考文献数量、文章数量、论文权重 4 个方面来评价专家的影响力,该指数在国际上已经具有一定影响力,是被世界著名信息计量学家、数学家 Ronald Rousseau 教授推荐的最新科研评价的指标之一[②]。NIF 指数在一定程度上提高了专家评价的客观性和准确性[③],对专家辅助发现具有较强的指导意义。

3.4.1 计算模型:标准化影响因子

NIF 指数用于衡量个体科学家的研究对于科学家群体的影响,其计算公式为:

$$NIF = \frac{\sum_{i=1}^{n} a_i c_i}{\sum_{i=1}^{n} b_i r_i}。 \qquad (3-13)$$

其中,n 表示科学家在一段时间内发表论文的数量,c_i 表示第 i 篇论文的被引次数,r_i 表示第 i 篇论文的参考文献的数量,a_i、b_i 表示权重因子,简单情况下,

---

① MAREK K. Successful papers: a new idea in evaluation of scientific outpour [J]. Journal of informetrics, 2011, 5 (3): 481-485.

② RONALD R, VENUSSTRAAT. ANTWERP B, et al. A discussion of some recently introduced indicators for research evaluation [J]. Documentation information & knowledge, 2013 (5): 4-14.

③ PARVIZ O, MOSTAFA V, BAHRAM G, et al. Normalized impact factor (NIF): an adjusted method for calculating the citation rate of biomedical journals [J]. Journal of biomedical informatics, 2011, 44 (2): 216-220.

$a_i = b_i = 1$。由此可见，NIF 指数是科研人员所有论文的被引次数之和与所有论文参考文献之和的比值，用来衡量科研人员个体在同领域中的影响力。因此，在论文数量不变的情况下，NIF 指数与论文的被引次数成正相关，与参考文献的数量成负相关。也就是说，论文被引用次数越多、参考文献数量越少，则专家的 NIF 指数越高，学术影响力也越大；反之，则专家的 NIF 指数越低，学术影响力越小。此外，NIF 指数还考虑了论文的权重，该权重与发表论文作者人数有关。

NIF 指数有以下 3 个特点。首先，NIF 指数综合考虑了论文的数量、参考文献数量、总被引次数及作者的数量，它与论文的被引次数成正相关，与论文参考文献的数量成负相关，是一个较为均衡的评价体系，有助于克服单项指标数据的影响，如它可以有效避免部分作者通过自引来提高论文被引用次数的缺陷，因为自引会同时增加论文的被引用次数和参考文献数量，即分子和分母同时增加，因此有助于减少通过自引提高专家影响力的问题。其次，NIF 指数区分度更高、计算更精确，可将 NIF 指数高于 1 的专家视为学术领导者，其在同行中的影响力要大于受同行影响的程度；而年轻研究人员的 NIF 指数相对较小，且增长较快，也易于发现具有成长潜力的年轻科研人员。其适用于评价资深科学家及高成长性的年轻科学家，避免马太效应。最后，NIF 指数原则上不以作者顺序来确定分配权重，所有作者对论文的贡献相同，在必要时也可以按照作者在论文中的排名次序进行加权优化，计算方法相对简单又不失灵活。

本书选择"肿瘤学"领域进行实证研究，不仅是因为该学科社会关注度高、文献数据资源较为全面等客观条件，更是因为以此作为切入点，可以形成具有一定通用性的方法框架，便于产生较好的示范性作用，可以用于国家新药创制重大专项等科研项目管理实际需求[①]。因此，以肿瘤领域为例，本小节从

---

① 宋培彦，程志强. 肿瘤领域专家学术影响力评价方法及其实证研究 [J]. 情报工程，2018，4（3）：48-57.

专家库和文献数据库中提取专家和论文信息，进行准确关联后，计算专家的 NIF 指数，用于支撑专家发现。为了测试 NIF 指数的可用性，抽取了 3 批样本数据：高 h 指数专家样本、单篇高被引专家样本和随机专家样本。每批专家样本数据包括 100 个不重复的专家，共获得 300 个候选专家；分别对应的中文论文文献数量为 32 255 篇、33 601 篇和 5348 篇，以此作为后续计算和分析的数据源。

如图 3-14 所示，专家学术影响力评价技术流程主要分为 3 个阶段。

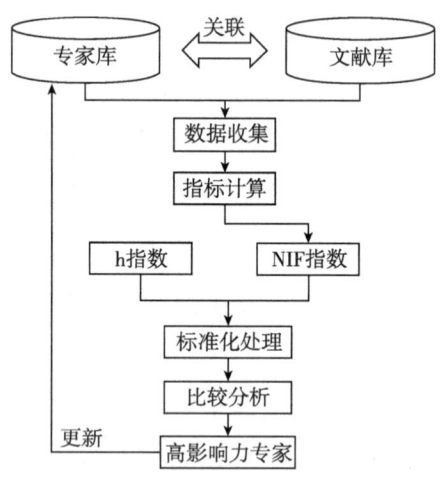

图 3-14　专家学术影响力评价技术流程

① 数据关联。候选专家库通过常规手段建设而成，通过与万方数据的医学期刊文献信息进行关联，实现专家与文献的准确对应。具体方法是：将候选专家与万方数据中的学者库进行匹配，然后通过万方学者与文献进行传递。由于万方数据拥有较为完整的医学类文献数据资源，并且事先已经对文献与作者进行了准确关联、专家认领和人工审核等环节，其关联准确性较高，因此，本实验构建的 300 个候选专家与万方作者库的姓名、机构等字段进行匹配并经过人工审核，就可以实现候选专家与论文文献的准确关联。在此基础上，抽取专家

样本数据，包括专家唯一标识符、作者单位、论文题目、期刊名称、h 指数、单篇被引次数、参考文献数量等信息。

② NIF 值计算。按照 NIF 指数计算公式，将公式中的参数融合到 SQL 语句中，计算出每位专家的 NIF 值。

NIF 值计算伪代码如下。

```
if OBJECT_ID('[dbo].[temp_s3_zj_p6_NIF_raw]','U') is not null
drop table [dbo].[temp_s3_zj_p6_NIF_raw]
select [专家唯一标识符],[作者数],[引文数],[rec_no][被引数]
into [dbo].[temp_s3_zj_p6_NIF_raw]
from [dbo].[temp_s2_zj_Param_p3_all]
delete from [dbo].[temp_s3_zj_p6_NIF_raw]
where ISNULL([作者数],0) = 0 or ISNULL([引文数],0) = 0

if OBJECT_ID('[dbo].[temp_s3_zj_p6_NIF_rs]','U') is not null
drop table [dbo].[temp_s3_zj_p6_NIF_rs]
select [专家唯一标识符],
sum（CONVERT（float,[被引数])/[作者数])/sum（CONVERT
(float,[引文数])/[作者数])[NIF]
into [dbo].[temp_s3_zj_p6_NIF_rs]
from [dbo].[temp_s3_zj_p6_NIF_raw]
group by [专家唯一标识符]
create index [专家唯一标识符] on [dbo].[temp_s3_zj_p6_NIF_rs]([专家唯一标识符])
```

③ 数据结果校验与更新。h 指数是当前使用较多的参考坐标，为了提高 NIF 指数的计算准确性，实验中 h 指数进行了比较和验证。由于 h 指数和 NIF

指数的取值范围差异较大，为了便于比较，采用归一化方法分别对这两种指数进行了标准化处理。标准化的公式为：

$$y_i = \frac{x_i}{\sum_{i=1}^{n} x_i}。 \qquad (3-14)$$

其中，x_i 表示单个样本的值，$\sum_{i=1}^{n} x_i$ 表示所有样本的和。利用 NIF 指数对专家学术影响力进行计算后与 h 指数对比分析，对 NIF 指数的计算效果和影响因素进行验证，以便持续改进。

3.4.2 实验分析

为了更直观地揭示出 NIF 指数的特点及专家发现效果，本书以《中国图书馆分类法》中的"R73 肿瘤学"为例，抽取万方数据分类号为 R73 的文献作为实验数据，并与专家库进行准确关联，从灵敏度、区分度、适用性 3 个指标讨论分析不同样本数据下 NIF 指数的特点和变化趋势。

3.4.2.1 灵敏度分析

灵敏度用来评价专家影响力的波动程度。本书对 3 批专家样本中的 h 值按从高到低的顺序进行排序，探讨在 h 指数不断递减的情况下 NIF 指数的变化情况，如图 3-15 所示。

由图 3-15 可知，整体上，NIF 指数随 h 指数的递减上下波动幅度减小，可以看出，高 h 指数的专家更容易获得相对较高的 NIF 值。同时，NIF 值的波动明显，且相同 h 指数的专家 NIF 值不同，因此相对于 h 指数，NIF 指数的灵敏度较好，而且 NIF 指数综合考虑了作者数量、论文数量、引用次数及参考文献的数量，更为综合客观。

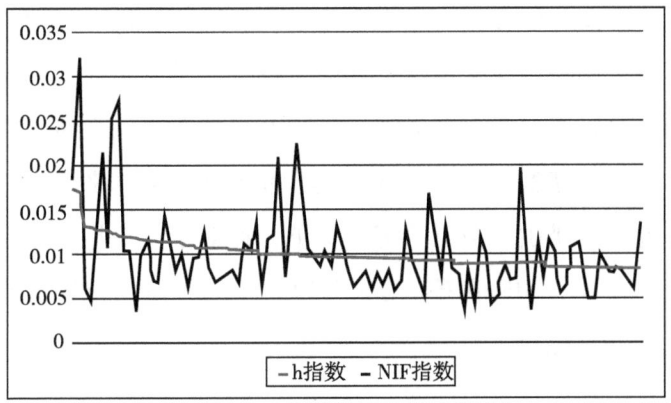

a　肿瘤学高h指数专家样本

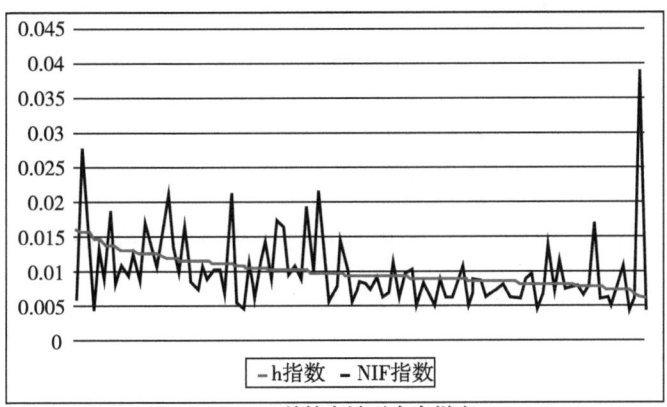

b　单篇高被引专家样本

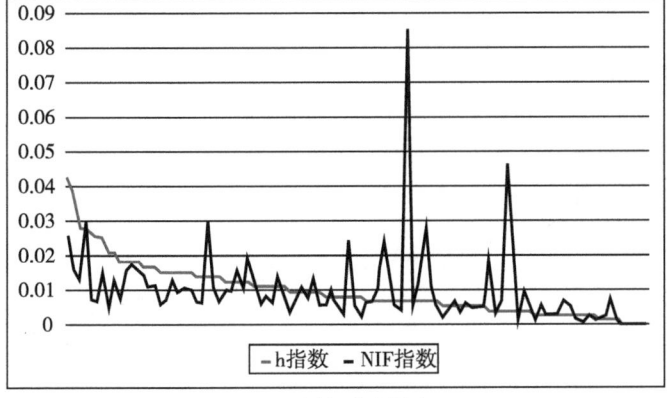

c　随机专家样本

图3-15　h指数和NIF指数变化趋势对比

NIF 指数与论文的总被引次数成正相关，与论文参考文献的数量成负相关，若某专家的论文数量少但总被引次数相对较高，或是论文的数量较多但论文单篇被引次数和论文的参考文献都较少，则也有可能获得一个高的 NIF 值。从专家个体来看，随着 h 指数的升高，想要提升 h 指数将会越来越困难，不仅论文数量要提高，论文的被引次数也要超过 h 值。而对于 NIF 指数，专家每发表一篇论文或论文被引用，NIF 值就会有所提高，从而可以更为灵敏地反映出专家学术影响力的动态变化。

3.4.2.2 区分度分析

区分度是指评价指标在多大程度上能有效地区分不同水平、不同层次的专家。简单来说，区分度可以从样本的离散程度来反映，离散程度越大，说明指标区分度越好；反之，离散程度越小，说明指标区分度越差。本书以高 h 指数专家样本为例，将标准化后的 h 值和 NIF 值按从高到低降序排列，探讨 h 指数和 NIF 指数的区分度，如图 3-16 所示。

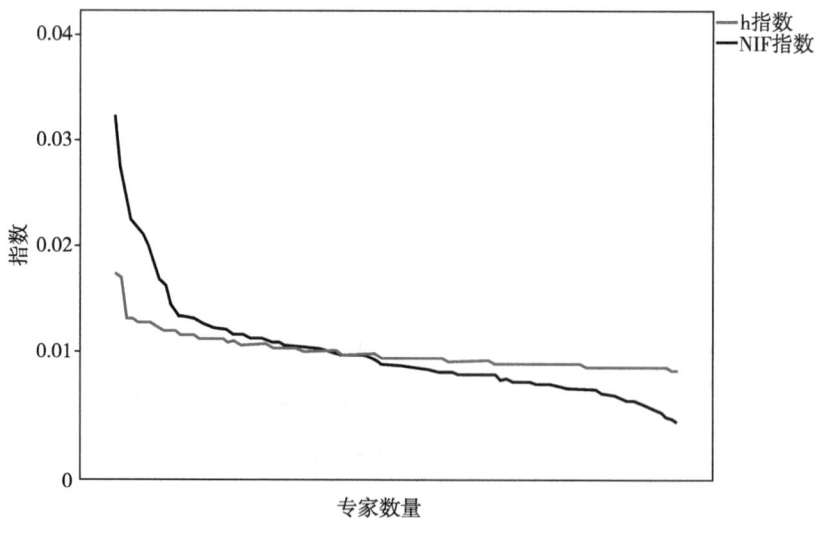

图 3-16　高 h 指数专家样本数据中 NIF 指数变化趋势

由图 3-16 可知，h 指数呈阶梯状逐渐递减，这是由于相同 h 指数的专家较多。统计发现，3 批样本共 15 组专家的 h 值相同，且频次为 5 及以上的有 9 组，h 值的范围集中在 0.008～0.174，而 NIF 指数以平滑的趋势逐渐递减，且经统计 NIF 值相同的专家为 0，NIF 值的范围在 0.003～0.324，可见 NIF 指数的离散程度远大于 h 指数，因此 NIF 指数的区分度优于 h 指数，易于区分出相同 h 指数的专家的学术影响力。

本书从样本中选取 6 组有代表性的学者，比较分析影响他们的 h 指数和 NIF 指数的因素，如表 3-5 所示。

表 3-5　6 组专家的 h 指数和 NIF 指数比较分析

组号	专家唯一标识符	论文数量/篇	总被引次数/次	平均被引次数/次	参考文献总数/条	单篇高被引次数/次	h 值	NIF 值
1	ZJ_330000_18678	187	3921	20.97	1668	200	33	2.322 529
	ZJ_350200_4332	463	5855	12.65	4452	466	33	0.818 257
2	ZJ_310000_0002834	558	5844	10.47	3148	342	39	1.142 251
	ZJ_330000_15474	225	3298	14.66	2171	171	28	1.141 573
3	ZJ_500000_575	260	2164	8.32	2786	259	20	0.662 960
	ZJ_310000_0001753	98	2164	22.08	778	689	21	1.481 279
4	ZJ_310000_0011121	268	3538	13.20	2839	141	32	1.164 069
	ZJ_330000_136	268	3001	11.20	3450	76	28	0.859 813
5	ZJ_440000_27333	314	2442	7.78	2649	113	23	0.768 837
	ZJ_310000_0009971	191	2961	15.50	1484	113	30	1.857 759
6	ZJ_500000_224320	437	11 776	26.95	6104	274	57	2.055 474
	ZJ_310000_0002144	581	4825	8.30	6103	143	29	0.593 890

由表 3-5 可知以下内容。

① 第 1 组专家的 h 值相同，但 NIF 值差异较大。这是由于 h 指数对被引次

数小于 h 值的论文和少数的高被引论文不敏感，因此虽然专家"ZJ_350200_4332"的论文数量和单篇高被引次数都远高于专家"ZJ_330000_18678"，但 h 值仍然相同。而 NIF 值前者却远小于后者，这是由于虽然专家"ZJ_330000_18678"的论文数量和总被引次数较少，但参考文献总数远小于专家"ZJ_350200_4332"，论文的平均被引次数大于专家"ZJ_350200_4332"，因此获得了较高的 NIF 值。

② 第 2 组专家的 NIF 值较为相近，但 h 值差别较大。这是由于专家"ZJ_310000_0002834"的论文数量、总被引次数、单篇高被引次数都远多于专家"ZJ_330000_15474"，而 h 值只考虑论文的数量和平均被引次数，因此专家"ZJ_310000_0002834"获得了较高的 h 值。而 NIF 值除论文数量、平均被引次数外，还同时考虑了论文的参考文献总数，专家"ZJ_330000_15474"的参考文献总数远小于专家"ZJ_310000_0002834"，因此虽然专家"ZJ_330000_15474"的 h 值远低于专家"ZJ_310000_0002834"，但 NIF 值却差别不大。

③ 第 3 组专家的论文总被引次数相同，h 值相近，NIF 值差别较大。这是由于 h 指数对被引次数小于 h 值的论文不敏感造成的，虽然专家"ZJ_500000_575"的论文数量远高于专家"ZJ_310000_0001753"，但平均被引次数和单篇高被引次数却远低于专家"ZJ_310000_0001753"，所以得到了相近的 h 值。而参考文献数量与 NIF 值是呈负相关的，因此拥有高参考文献数量的专家"ZJ_500000_575"却获得了低的 NIF 值。

④ 第 4 组专家中，两位专家的论文数量相同，但 h 值和 NIF 值都不同。两位专家获得了相同的论文数量，相近的总被引次数和平均被引次数，专家"ZJ_330000_136"的单篇高被引次数远小于专家"ZJ_310000_0011121"，但仍然得到了相近的 h 值，这再次说明了 h 指数对单篇高被引论文的不敏感性。两位专家参考文献的数量差距较大，因此参考文献数量较少的专家得到了相对较高的 NIF 值。

⑤ 第 5 组专家中，两位专家的单篇高被引次数相同，但 h 值和 NIF 值差异较大。专家"ZJ_310000_0009971"论文数量和参考文献总数远小于专家"ZJ_

440000_27333",但前者论文的总被引次数和平均被引次数却远大于后者,因此获得了较高的 h 值和 NIF 值。可以看出,少数高被引论文对 h 值和 NIF 值的影响是十分有限的,专家要想得到较高的 h 值和 NIF 值,就要在有一定论文数量的基础上,努力提高论文的质量。

⑥ 第 6 组专家中,两位专家参考文献总数大致相同,h 值和 NIF 值差异都很大。专家"ZJ_500000_224320"的论文数量虽然小于专家"ZJ_310000_0002144",但总被引次数和单篇高被引次数却远高于专家"ZJ_310000_0002144",因此也得到了较高的 h 值和 NIF 值。

综上所述,在论文数量、总被引次数、单篇高被引次数和参考文献总数这 4 个因素中,无论哪个因素都不能单独决定一位专家的 h 值和 NIF 值。NIF 值综合考虑了论文的数量、被引次数、参考文献数量及论文的权重,论文数量的增加和被引次数的增加都会对 NIF 值产生影响,且 NIF 值均为小数,形成相同 NIF 值的概率较低,因此区分度较高。

3.4.2.3 适用性分析

适用性是对评价指标是否适用于不同学科、不同层次专家的评价。本书从领域适用性和层次适用性两方面来研究 NIF 指数的适用性。

(1) 领域适用性

为了探讨 NIF 指数的领域适用性,以肿瘤学(中图分类号"R73")、车辆工程(中图分类号"U27")两个学科中的高 h 指数专家样本为例,按照本书中的方法计算 NIF 指数,进而分析 NIF 指数的领域适用性,NIF 指数分布的学科差异趋势对比如图 3-17 所示。

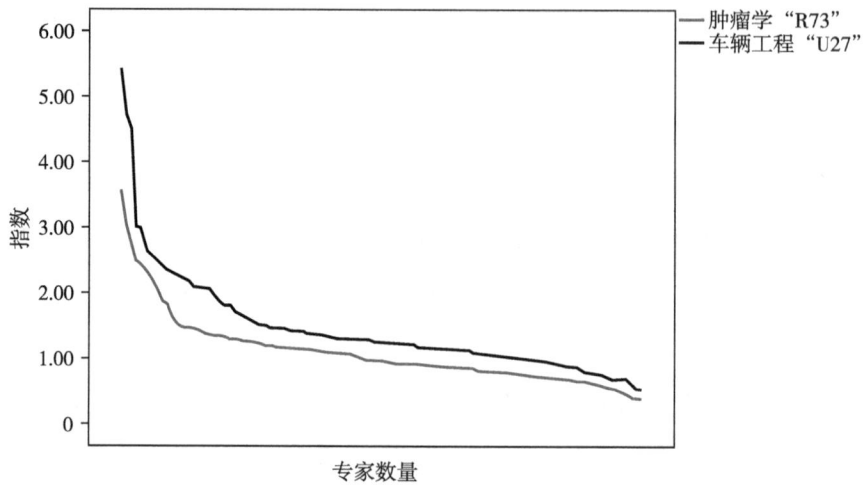

图 3-17 NIF 指数分布的学科差异趋势对比

NIF 指数在"肿瘤学"和"车辆工程"领域的总体变化趋势是相同的,并未由于学科产生较大变化,表明 NIF 指数在不同学科方面也是适用的。

(2)层次适用性

为了探讨 NIF 指数对不同水平层次专家评价的适用性,本书以肿瘤学(R73)为例,将 3 批专家样本中的 NIF 值分别按从高到低的顺序排列。同一学科不同专家样本 NIF 值变化趋势对比如图 3-18 所示。

整体上,3 批样本的 NIF 值存在一定差异。其中,随机专家样本的 NIF 值变化范围最大,变化幅度也最大。高 h 指数样本拥有相对较高的 NIF 值,这是由于 h 指数较高的专家通常拥有较多的论文数量和被引次数,而论文数量和被引次数又是影响 NIF 指数的重要因素。单篇高被引专家样本中,虽然每位专家都拥有一篇高被引次数的论文,但 NIF 指数是由总被引次数决定的,一篇或几篇高被引论文会对专家的 NIF 值产生影响,但并不能对 h 值产生影响。3 批样本的 NIF 值变化趋势符合样本本身特征,即高 h 指数样本拥有相对较高的值,单篇高被引专家样本其次,随机专家样本的变化范围最大,且整体 NIF 值低于

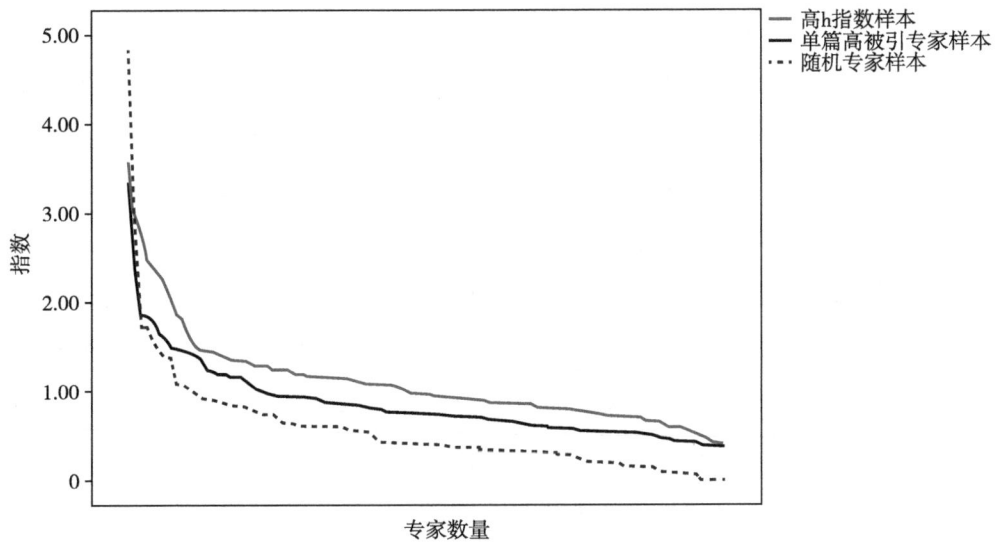

图 3-18 同一学科不同专家样本 NIF 值变化趋势对比

高 h 指数专家及拥有单篇高被引论文的专家，因此 NIF 指数在评价不同层次、不同水平的专家时适用性较强。

综上所述，NIF 指数从论文数量、总被引次数、作者数量及参考文献数量等方面综合衡量专家的学术影响力水平，在灵敏度、区分度和适用性方面有一定优点，表现在：第一，NIF 指数灵敏度较高，能够及时反映专家影响力的变化和成长潜力，这有助于发现高成长性的潜在专家；第二，NIF 指数从多个要素判定专家影响力，能够有效区分不同层次和水平的专家，区分度较好；第三，NIF 指数同其他指数一样，在不同学科和样本中的变化总趋势一致，具有较好的领域适用性。

3.4.3 小结

专家发现的方法需要量化分析与理性分析相互结合。NIF 指数是一种具有较高区分度和灵敏度的分析方法，本章初步研究了其在专家影响力评价中的作用，表明该算法相对简单、容易进行量化计算和评价，灵敏度、区分度和学科适应性较高，具有一定的参考作用。同时，这种方法本质上仍然是基于统计的经验主义方法，对专家影响力的排序是概率性的判断，推荐结果仍然需要领域专家的确认；另外，对于某些论文很少、指数特征不明显的工程类或管理类专家，仍需要研究其他评价方法。今后还需要进一步优化和对比，不断提高 NIF 指数的区分度和灵敏度，结合具体学科领域进一步对计算方法进行改进，并结合知识组织工具中的语义关系进行理性判断，提高专家学术影响力评价的准确性。此外，本书主要采用了中文文献进行分析，未来还需要结合英文等其他语言的文献开展研究和分析，以便更好地揭示专家的特征。

总体而言，本章分别从专家研究专长发现、同行专家发现、专家学术影响力与活跃度方面进行了探究，以术语为切入点，采用统计方法识别专家的研究专长，进而通过聚类算法实现"同行专家发现"。最后，结合 NIF 量化指数方法判定专家的影响力和权威性，可以发现具有较高影响力的专家，提高科研项目评审专家信息的可靠性。

第四章

知识驱动的专家发现辅助技术

　　大数据环境下，可以采用自然语言处理等技术对专家信息进行自动关联、识别和推荐。本章从项目评审需求和专家供给两个角度，首先，采用 TF/IDF 技术对科研项目进行自动标引，揭示项目评审需求，便于与专家专长进行有效衔接。其次，对专家的潜在合作关系进行聚类，通过 LDA 主题聚类发现与项目相关的"小同行"，同时实现关系回避。最后，将术语与叙词表等现有的知识组织工具进行关联，形成知识驱动的专家发现技术，以便更为准确地发现项目评审专家。在不降低准确性的前提下，其解释力和可信度比单纯依靠统计算法更具优势，有助于实现专家发现方法的实施和应用。

4.1 科研项目与专家的自动适配

知识组织是根据信息资源检索的需要，以文本及各类型的信息源为对象，通过对其内容特征等的分析、选择、标引、处理，使其成为有序化集合的活动[1]。其中，信息标引对信息内容进行分析并充分而有效地对其予以揭示。信息标引分主题标引和分类标引，主题标引是依据特定的主题，赋予文献主题标识的过程，主题标引可以采用标题语言、叙词语言和关键词语言等；分类标引是依据特定的分类语言，赋予文献分类标识的过程。大数据环境下，机器往往需要依据相关的知识库，从文本中抽取能够表达文献信息内容的关键词或分类号，用于项目需求分析和专家标注等方面[2]。

如前文所述，用户自然标注是用户在无意中为自然语言处理研究的各种资源作了一定程度的义务"标注"，是因特网用户对信息资源添加标签的活动，

---

[1] 马张华. 信息组织 [M]. 3版. 北京：清华大学出版社，2008.
[2] 陈白雪，宋培彦. 基于用户自然标注的 TF-IDF 辅助标引算法及实证研究 [J]. 图书情报工作，2018，62（1）：132-139.

标签是用户选取的、代表被标注资源的符号，可以是文字，也可以是其他符号[①][②]。用户自然标注是根据用户已有的知识，结合对文献内容的理解，给出能够代表该文本主要内容的标签或词语。目前，自动标引抽出的表达文献主题的关键词的准确性偏低，这在一定程度上是因为自动标引使用的知识库通常是依靠领域专家手工建立的，难以较为全面地将用户使用的词语包含进去，其覆盖面和更新速度有待提高。而用户自然标注能够为扩充知识库提供一个途径，将用户对某一领域内常用的概念或主题词全面快速地扩充，并尽可能符合用户的使用习惯。因此，研究基于用户自然标注的机器辅助标引算法，在提高自动标引的准确率及使标引结果更加符合用户使用习惯方面具有重要意义。

国内外对自动标引的研究主要集中在标引算法的研究。章成志[③]整合了统计机器学习模型与集成学习方法的优势，并结合多分类模型投票的方式，对文档进行自动标引；李纲等[④]利用基于知网的词语语义相关算法对词汇链的构建算法进行了改进，并结合词频和词的位置等统计信息，进行关键词的自动标引；曹树金等[⑤]以逸仙时空 BBS 为舆情信息源，设计了主题帖自动标引和情感倾向性分析策略，并对主题帖自动标引结果、倾向性人工判断与自动分析的结果进

---

① 白华. 用户标注的词语网络与语义描述 [J]. 图书情报工作，2010，54（2）：70-73.
② 孙茂松. 基于互联网自然标注资源的自然语言处理 [J]. 中文信息学报，2011，25（6）：26-32.
③ 章成志. 基于集成学习的自动标引方法研究 [J]. 情报学报，2010，29（1）：3-8.
④ 李纲，戴强斌. 基于词汇链的关键词自动标引方法 [J]. 图书情报知识，2011（3）：67-71.
⑤ 曹树金，周小又，陈桂鸿. 网络舆情监控系统中的主题帖自动标引及情感倾向分析研究 [J]. 图书情报知识，2012（1）：66-73.

行了对比；Luis M. de Campos 等①运用贝叶斯网络对叙词表进行建模，并使用概率推理，选择出最能描述待分类文档的描述符集合，对待分类文档进行自动标引和分类；Olena Medelyan 等②通过从特定领域叙词表中收集术语和短语的语义信息来提高关键词的自动抽取效果。以上研究多采用统计方法、语义算法及机器学习等方法对文本信息进行自动标引，在标引过程中，用户对词表或分类表要求较高，知识资源数量有限性制约了适用范围。因此，通过构建用户自然标注词表和优化标引算法，有望提高信息标引效率和质量。

TF-IDF（Term Frequency-Inverse Document Frequency）是一种用于信息检索与数据挖掘的常用加权技术③。国内外对 TF-IDF 算法的研究主要集中在算法改进上，路永和等④将权重修正函数（TW）与 TF-IDF 结合，将其作为新的特征权重算法，用于文本分类；覃世安等⑤利用特征值在类间出现的概率比代替特征值在类间出现的次数比以改进 TF-IDF 算法，并配合简单累加求和的分类器，用于提高网页文本分类的准确率；刘勘等⑥根据特征词的词频、所在位置和词

---

① CAMPOS L M, FERNÁNDEZ-LUNA J M, HUETE J F, et al. Automatic indexing from a thesaurus using Bayesian networks: application to the classification of parliamentary initiatives [C] //European Conference on Symbolic and Quantitative Approaches to Reasoning and Uncertainty. Springer, Berlin: [s. n.], 2007: 865 – 877.

② MEDELYAN O, WITTEN I H. Thesaurus based automatic keyphrase indexing [C] //Proceedings of the 6th ACM/IEEE-CS joint conference on Digital libraries. New York: ACM Press, 2006: 296-297.

③ AIZAWA A. An information-theoretic perspective of TF-IDF measures [J]. Information processing & management, 2003, 39 (1): 45-65.

④ 路永和, 李焰锋. 改进 TF-IDF 算法的文本特征项权值计算方法 [J]. 图书情报工作, 2013, 57 (3): 90-95.

⑤ 覃世安, 李法运. 文本分类中 TF-IDF 方法的改进研究 [J]. 现代图书情报技术, 2013, 29 (10): 27-30.

⑥ 刘勘, 周丽红, 陈譞. 基于关键词的科技文献聚类研究 [J]. 图书情报工作, 2012, 56 (4): 6-11.

性提出了改进 TF-IDF 特征词加权算法的科技文献聚类方法；Andrew B. Samoylov[1]将基于规则的方法和标准词袋模型相结合，用于评估语义分析中 ΔTF-IDF 特征值；Simon Philip 等[2]将 TF-IDF 与余弦相似性度量相结合，提出一种基于用户查询的推荐算法。

可以发现，TF-IDF 算法在文本分类方面应用较为广泛，操作简单，易于改进，是提取文本特征的常用算法之一。因此，本书试图将用户自主标注术语作为知识来源，采用 TF-IDF 算法构建知识库，并将该算法与位置加权算法相结合，用于提取文本内容的特征词，通过知识库支撑项目关键词标引和分类，实现用户标签与项目需求的准确适配。

4.1.1 辅助标引算法研究框架

4.1.1.1 整体框架设计

本书选择了中文核心期刊中的科技论文作为"用户自然标注词表"的数据来源。在科技论文中，作者为每篇论文赋予了关键词和分类号，在多数情况下，这些关键词和分类号是由作者自由标注的。另外，作者作为科研共同体，既是用户标注数据的生产者，又是科研数据的使用者，还是核心期刊论文的作者，具有较高的学术素养，专业性较强，数据标注质量较高；同时，论文采用的分类法多为国内通用的《中国图书馆分类法》，规范性较强，因此，用核心期刊

---

[1] SAMOYLOV A B. Evaluation of the delta TF-IDF features for sentiment analysis ［C］//International Conference on Analysis of Images, Social Networks and Texts. Springer：［s. n.］，2014：207-212.

[2] PHILIP S, SHOLA P B, OVYE A. Application of content-based approach in research paper recommendation system for a digital library ［J］. International journal of advanced computer science & applications, 2014, 5（10）：37-40.

论文的关键词和分类号来构建用户自然标注词表是可行的。基于用户自然标注的 TF-IDF 辅助标引算法的技术路线如图 4-1 所示。

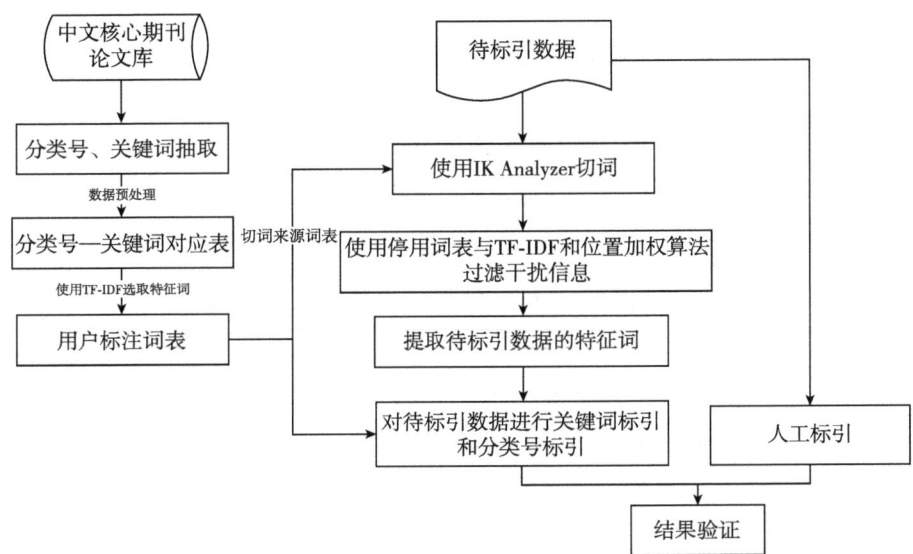

图 4-1 基于用户自然标注的 TF-IDF 辅助标引算法的技术路线

4.1.1.2 TF-IDF 关键词抽取

TF-IDF 算法用于评估某一字词对于一个文件集或一个语料库的重要程度。TF 表示特征词 m 在文档 D 中出现的频率,IDF 表示所有文档中出现特征词 m 的文档数。其常用计算方法如下。

$$TF = \frac{m}{M} 。 \quad (4-1)$$

其中,M 表示文档 D 的总单词数。

$$IDF = \log\left(\frac{N}{n} + 0.01\right) 。 \quad (4-2)$$

其中,N 为总文档数,n 为包含特征词 m 的文档数。

$$TF - IDF = TF \times IDF。 \qquad (4-3)$$

通过 TF-IDF 算法,能够将表示文本主要特征内容的关键词语找出来,同时将一些无意义的干扰词语过滤掉。

4.1.1.3 用户自然标注词表的构建

以万方数据为语料库,抽取核心期刊论文的关键词和中图分类号,构建用户自然标注词表的基础库。在基础库中,需要对一个分类号对应多个关键词的情况进行处理,为每一个分类号选取出最能代表该类的关键词。

将 TF-IDF 算法用在此处,为每个分类号选择特征词。选择过程如下。

> 分类号 1 对应的关键词有 A、B、C 3 个,词频为 3、4、2;
> 分类号 2 对应的关键词有 A、B、D 3 个,词频为 2、1、2;
> 第一步:对每个类里的关键词的词频进行归一化。
> 以关键词 A 为例,分类号 1 中的关键词 A 归一化后,$TF_1 = 3/9 = 0.3$;分类号 2 中的关键词 A 归一化后,$TF_2 = 2/5 = 0.4$。
> 第二步:计算每个类中 A 的逆分类号数。
> $IDF_1 = \log(2/2 + 0.01) = 0.004$;$IDF_2 = \log(2/2 + 0.01) = 0.004$。
> 第三步:分别计算 $TF \times IDF$ 的值。
> $A_1 = TF_1 \times IDF_1 = 0.0012$;$A_2 = TF_2 \times IDF_2 = 0.0016$。

通过以上步骤,构建用户自然标注词表,并以"分类号—关键词"的形式存储。通过 TF-IDF 算法构建用户自然标注词表,能够将某个领域内绝大多数符合用户使用习惯的特征词选出来,实现对词表的优化。

4.1.1.4 关键词标引和分类号标引

对待标引数据进行关键词标引和分类号标引依靠的是用户自然标注词表。

对待标引数据进行关键词标引和分类号标引的主要步骤如下。

（1）对待标引数据进行切词

在对待标引数据进行切词的过程中，采用的词表是用户自然标注词表，采用 IK Analyzer 开源软件对待标引数据进行切词[1]。IK Analyzer 是一个开源的、基于 Java 语言开发的轻量级中文分词工具包，支持用户词典扩展，能够加载用户自然标注词表，在切词过程中，采取的是正向最大匹配算法。

（2）过滤无意义的词语

在构建用户自然标注词表的过程中，同时需要构建一个停用词表。停用词表包括大众通用的日常词语，不具有明显的学科或领域主题的特征，如"研究""作用"等一些无专指意义的词语。切词完成后，使用停用词表将一些干扰词语排除掉，使剩下的词语尽量有意义，能够表达待标引数据的一些内容特征。

（3）关键词和分类号标引

TF-IDF 算法考虑到了词语的频次，没有考虑到词语在文本中所处的位置。因此，在关键词提取过程中，引入了位置加权算法，根据词语在文本中所处位置的不同，为不同位置的词语赋予一定的权重，体现词语对文本主题的重要程度。

通过停用词表将无意义的词语过滤后，将剩下的词语按照 TF-IDF 和位置加权算法计算得分。其计算过程如下。

① 计算文本中所有词语的 TF-IDF 值，求出词语的得分。

② 判断词语在文本中的位置，根据位置的不同，赋予一定的权重。通常情况下，词语处于关键词位置的权重较大，其次是题目，最后是摘要和正文。

③ 根据词语位置的不同，计算词语的 TF-IDF 权重值，即 TF-IDF 值乘以权重值。

④ 对所有词语按照 TF-IDF 权重值从高到低的顺序进行排序。

---

[1] IK Analyzer［EB/OL］.［2019-05-19］. https：//www.oschina.net/p/ikanalyzer.

⑤ 关键词标引。为了使标引结果尽可能辅助人工标引，取得分最高的前 10 个词语（若不足 10 个，则全部保留），即为关键词标引的结果。

⑥ 分类号标引。将这些关键词与用户自然标注词表进行精确匹配，查找关键词对应的分类号，即可将待标引数据进行分类，获得 1 个推荐分类号。

4.1.1.5 辅助标引结果评测

对待标引数据同时采用以上算法和人工标引两种方法分别进行关键词标引和分类号标引，从标引准确度等方面对标引结果进行对比，评测上述标引算法是否可行。

(1) 关键词标引结果评测

在将关键词进行对比时，引入两个统计指标，分别是："相同比"和"相似比"。其计算方式如下：

$$相同比 = \frac{机标关键词与人标关键词完全相同的个数}{人标关键词} ; \quad (4-4)$$

$$相似比 = \frac{机标关键词与人标关键词互为等级或相关关系的词 + 机标关键词与人标关键词完全相同的个数}{人标关键词} 。$$

$$(4-5)$$

其中，"机标关键词"是指通过计算机对待标引数据进行标引的关键词，一般为 10 个；"人标关键词"是指专业人员为待标引数据进行标引的关键词，一般为 3~7 个。

(2) 分类号标引结果评测

在对分类号进行对比时，只要"机标分类号"与"人标分类号"前 3 位一致，即可判断"机标分类号"是合理的。例如：一条待标引数据机标的分类号是 R73，人标的分类号是 R737.25 和 R730.4，R73 与 R737.25 和 R730.4 的前 3 位一致，因此，可将"机标分类号"与"人标分类号"视为一致，即"机标分类号"是合理的。

在该评测方法中,"机标分类号"指的是通过计算机对待标引数据进行标引的中图分类号;"人标分类号"指的是专业人员赋予待标引数据的中图分类号。(在以上结果评测过程中,视专业人员标引的结果是正确的。)

4.1.2 实证研究

科研项目基本的元数据字段包括项目名称、关键词、项目简介、项目负责人等。为了方便对科研项目数据进行统一管理,需对现有的科研项目数据进行标引、分类和整合,获取科研项目数据的关键词和分类号,从而为科研项目提供更为匹配的评审专家。

4.1.2.1 实验过程

4.1.2.1.1 用户自然标注词表的构建

用户自然标注词表的数据源选取了万方数据核心期刊中的"U27 车辆工程""R73 肿瘤学""U44 桥涵工程"3 个领域里的期刊论文的关键词和分类号,形成"分类号—关键词"列表,共计 221 664 条记录。其构建过程如图 4-2 所示。

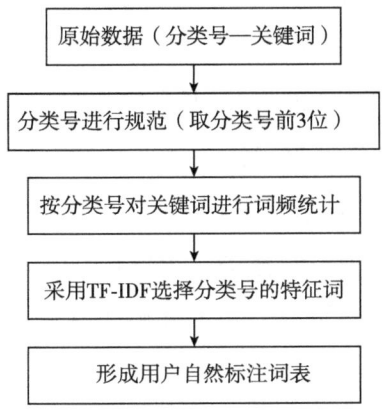

图 4-2 用户自然标注词表构建过程

在获取核心期刊的关键词和分类号后，由于不同的作者对同一个关键词的分类不尽相同，相同主题的论文的分类号层级也不全相同，因此，在构建用户自然标注词表时，需要对分类号进行规范。根据期刊论文中作者赋的分类号的位数可知，分类号最少是三级才可以满足大多数常规需求，因此，在构建用户自然标注词表时将所有分类号归到了各自的上位类"U27"、"U44"和"R73"。

通过统计每个关键词在不同分类号中出现的词频，使用TF-IDF算法为每个类号选出能够代表该类的关键词，最终形成94 053条记录，如图4-3所示。

	A	B	C	D	E	F
1	分类号	关键词	词频	tf	idf	source
2	U44	桥梁工程	196	0.006258181	0.4054651081081644	0.0025374740357254604
3	R73	预后	189	0.001024945	1.0986122886681098	0.0011260171722089357
4	R73	肿瘤	174	0.0009436	1.0986122886681098	0.0010366505555872284
5	R73	免疫组织化学	171	0.000927331	1.0986122886681098	0.0010187772322628869
6	R73	诊断	167	0.000905639	0	0
7	R73	细胞凋亡	160	0.000867678	1.0986122886681098	0.0009532417134069681
8	R73	凋亡	152	0.000824295	1.0986122886681098	0.0009055806164876795
9	R73	治疗	151	0.000818872	1.0986122886681098	0.0008996228420462324
10	R73	磁共振成像	137	0.00074295	1.0986122886681098	0.0008162139998659722
11	R73	免疫组化	135	0.000732104	1.0986122886681098	0.0008042984509830779
12	R73	体层摄影术,x线计算机	129	0.000699566	1.0986122886681098	0.0007685518043343949
13	R73	增殖	123	0.000667028	1.0986122886681098	0.0007328051576857119
14	R73	肿瘤转移	121	0.000656182	1.0986122886681098	0.0007208896088028176
15	R73	化疗	120	0.000650759	1.0986122886681098	0.0007149318343613705

图4-3 用户自然标注词表

4.1.2.1.2 科研项目数据关键词与分类号标引

对科研项目数据主要通过项目标题和摘要进行特征词提取。在实验过程中，随机选取3个领域的840条科研项目数据。首先，用IK Analyzer切词软件对项目数据进行切词；其次，使用停用词表将没有专指意义的词语过滤掉；再次，使用TF-IDF和位置加权算法对其余词语进行计算和排序；最后，提取科研项目数据的关键词，对科研项目数据进行关键词标引与分类号标引。根据项目名称和摘要对科研项目的重要性，依据经验将其权重比设为6:4。其部分计算结果如图4-4所示。

第四章　知识驱动的专家发现辅助技术

正题名	文摘		机标关键词	机标分类号
	研究目标:	主要研究内容: 项目简介:		
经动脉化疗栓塞治疗肝癌中循环内皮细胞的变化及意义	研究目标:	主要研究内容: 项目简介:	经动脉化疗栓塞 = 11.224319，循环内皮细胞 = 11.224319，肝癌 = 4.879882，	R73
BMP-2/Smad信号通路及相关因子Noggin、Smurf1与舌癌侵袭转移	研究目标:	主要研究内容: 项目简介:	舌癌 = 6.7345915，noggin = 6.7345915，smad = 6.041445，信号通路 = 4.026541，侵袭转移 = 3.4023871，	R73
SPARC、Gp60受体在乳腺癌中的表达与白蛋白结合型紫杉醇疗效关系的研究	研究目标:	主要研究内容: 项目简介:	sparc = 11.224319，白蛋白结合型紫杉醇 = 11.224319，乳腺癌 = 5.206123，	R73
经门静脉栓塞化疗（PVCE）治疗肝转移瘤的研究	研究目标:	主要研究内容: 项目简介:	肝转移瘤 = 16.83648，栓塞化疗 = 16.83648，	R73
血清miRNA作为恶性黑素瘤早期诊断标记的研究	研究目标:	主要研究内容: 项目简介:	诊断标记 = 11.224319，血清mirna = 11.224319，恶性黑素瘤 = 10.069075，	R73
热休克蛋白70功能肽-甲胎蛋白表位肽复合物抗癌免疫机制的研究	研究目标:"免疫佐剂";热休克蛋白70(HSP70)偶联抗原肽可诱发肿瘤特异性主动免疫...	主要研究内容: 已证实... 甲胎蛋白(AFP)作为肿瘤相关	表位 = 6.7345915，热休克蛋白70 = 6.7345915，甲胎蛋白 = 6.041445，免疫机制 = 6.041445，复合物 = 5.348297，hsp70 = 2.196889，afp = 1.3977692，抗原表位 = 1.2244712，免疫原性 = 1.2244712，免疫效应 = 1.0984445，	R73
西安地区女性人乳头瘤病毒感染状况与宫颈病变相关性研究	研究目标:采用基因芯片导流杂交检测法，对400例西安地区妇女宫颈及宫颈上皮内瘤变样本进行21种人乳头瘤病毒(human papilloma...	主要研究内容:	人乳头瘤病毒 = 6.7345915，宫颈病变 = 6.7345915，西安地区 = 6.7345915，感染状况 = 6.7345915，相关研究 = 4.4320064，基因芯片导流杂交 = 1.683648，宫颈癌 = 1.5358256，hpv = 1.5103612，亚型分布 = 0.841824，知晓率 = 0.841824，	R73

图4-4　科研项目数据关键词标引与分类号标引部分结果

4.1.2.2　实验结果

为了验证该方法的有效性，请专业标引人员在事先不接触机标结果的前提下，人工对这840条数据进行关键词和分类号标引，其结果如图4-5所示。

正题名	文摘		人标关键词	人标分类号
经动脉化疗栓塞治疗肝癌中循环内...	研究目标:	主要研究内容: 项目简...	经动脉化疗栓塞治疗;肝癌;循环内皮细胞	R730.53;R735.7
BMP-2/Smad信号通路及相关因子N...	研究目标:	主要研究内容:	BMP-2/Smad信号通路,Noggin;Smurf1;舌癌;侵袭转移	R739.86
SPARC、Gp60受体在乳腺癌中的表...	研究目标:	主要研究内容:	SPARC受体;Gp60受体;乳腺癌;紫杉醇;临床疗效	R737.9
经门静脉栓塞化疗（PVCE）治疗...	研究目标:	主要研究内容:	经门静脉栓塞化疗;肝转移瘤;治疗效果	R730.5;R735.7
血清miRNA作为恶性黑素早期诊...	研究目标:	主要研究内容:	血清miRNA;恶性黑素瘤;早期诊断	R730.4;R739.5
热休克蛋白70功能肽-甲胎蛋白表...	研究目标:	主要研究内容: 已证实...	热休克蛋白70;抗癌免疫机制;抗原肽;甲胎蛋白	R730.5
西安地区女性人乳头瘤病毒感染状...	研究目标:	主要研究内容: 采用基...	人乳头瘤病毒;感染状况;宫颈病变	R737.33
乙酰胆碱及其受体阻滞剂在胆管癌...	研究目标:	主要研究内容:	乙酰胆碱;阻滞剂;胆管癌;细胞增殖;神经浸润	R735.8
雌激素及其受体ERα抑制BCC治疗...	研究目标:	主要研究内容:1.应用研...	雌激素;浅表性膀胱癌;抑制剂	R737.14
大肠癌转移肿瘤干细胞分子标记物...	研究目标:	主要研究内容:	大肠癌;干细胞;分子标记物	R735.34
Tivantinib抗肝癌的靶点探索及作...	研究目标:	第一部分:进一步证明Tivantinib...	Tivantinib;抗肝癌;靶点	R735.7
CUTL1调控BMP/Smads通路参与恶...	研究目标:	主要研究内容: 转录因子...	恶性黑素瘤;CUTL1调控;BMP/Smads通路;发生机制	R739.5
乳腺癌患者慢性身心应激对CACUL...	研究目标:	主要研究内容: 研究发...	乳腺癌患者;慢性身心应激;CACUL1信号通路;生物学作用	R737.9
miR-211在人肝细胞癌变过程中的...	研究目标:	主要研究内容: 肝细胞癌...	miR-211;肝细胞癌;癌变过程;作用机制	R735.7

图4-5　科研项目数据人工标引部分结果

由于"机标关键词"选取了每条科研项目数据的前 10 个特征词,而人工标引时为每条科研项目数据标了 3 ~ 7 个关键词,因此,在"机标关键词"与"人标关键词"进行对比时,采用了两个指标:"相同比"和"相似比"。

"相同比"在 50% 以上(包括 50%)的有 339 条,占总数的 40.4%;将"机标关键词"进行扩展或缩减后,"相似比"大多在 60% 以上,有 572 条(包括 60%),占总数的 68.1%。这样,在进行机器辅助标引时,能够将科研项目数据的关键词的相关词标引出来,再加以人工判断,即可为科研项目数据赋予符合多数用户使用习惯的关键词,标引准确度较高,从而可以为该项目推荐更多匹配度更高的专家进行评审。

"人标分类号"是根据专业人员的知识与背景,经过判断赋予的一个或多个分类号,而"机标分类号"是根据用户自然标注词表自动判断的,最终对应结果是,"机标分类号"与"人标分类号"前 3 位一致的有 705 条,占总数的 83.9%,一致性较高。分析结果如图 4-6 所示。

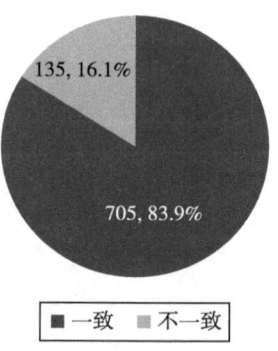

图 4-6 "机标分类号"与"人标分类号"前 3 位一致的实验结果(单位:条)

4.1.2.3 实验分析

4.1.2.3.1 规范分类号的效率与性能

在构建用户自然标注词表对分类号进行规范时,只取了分类号的前3位,可以基本满足科研项目对专家抽取的业务需求。在使用机器进行标引时,为了尽可能客观地评价标引结果,在人工标引与机器标引结果进行对比时,采用了向上靠近的方法,只要"机标分类号"与"人标分类号"的前3位一致,就认为其是正确的。虽然机器标引的分类号不如人工标引的分类号的颗粒度细,但机器标引的效率远远大于人工标引,可以辅助人工标引。未来,在构建用户自然标注词表时,可以取分类号的前4位或前5位,然后再进行测试。

4.1.2.3.2 用户自然标注词表的合理性

在该算法中,"机标关键词"的正确性绝大部分取决于用户自然标注词表,在实验过程中,用户自然标注词表中的关键词主要来源于万方数据核心期刊论文的关键词和分类号,最终形成9万多条数据的关键词词表,但是未能把3个领域中的关键词穷尽。另外,机器辅助标引属于抽词标引,而在进行人工标引时,同时采用了抽词标引和赋词标引。因此,在进行对比时,人工标引的一些关键词是无法用机器标引出来的,所以,在进行标引时,需要人机互助,用机器标引来辅助人工标引。

4.1.2.3.3 TF-IDF 的适用性

TF-IDF 算法广泛用于信息检索与数据挖掘,是一种比较成熟的算法。本书通过将其运用在用户自然标注词表构建和科研项目数据特征词提取,选出的特征词基本上能够描述科研项目数据的主题,同时也符合项目评审对专家的抽取需求。在实验过程中,选取了3个学科领域进行实验,当扩大实验领域时,该算法的普适性仍需要进一步验证。

4.1.2.3.4 人工标引的主观性

在机标结果与人标结果进行对比时,考虑到人工标引的专业性,默认为人工标引的结果是正确的，实际上，不同的标引人员对于同一主题的标引会有一定的主观性，在进行关键词标引时，采用的关键词可能不尽相同，在标引颗粒度、主题倾向性方面产生偏差。例如：在肿瘤学里对于"斑马鱼模型"一词，有的采用"斑马鱼"进行标引，有的采用"动物模型"进行标引，而在机标中，采用了"斑马鱼模型"进行标引，准确性和一致性较高，可以辅助提高标引效果。因此，在进行科研项目数据辅助标引时，可以先通过自动标引将这些关键词标出来，推荐给相关标引人员，再由标引人员进行判断。通过迭代循环，不仅可以提高机器标引的质量，也为人工标引提供了更好的辅助参考。

4.1.3 小结

本书以中文核心期刊论文的关键词和分类号为源数据，对关键词词频进行统计，使用 TF-IDF 算法构建用户自然标注词表，通过 IK Analyzer 分词软件对待标引的科研项目数据进行切词，提取科研项目数据的特征词，对科研项目数据进行关键词标引和分类标引，使标引的效率和准确度有了较大提高。由实验结果可知，采用基于用户自然标注的科研项目数据机器辅助标引算法，使得"机标关键词"与"人标关键词"的相似比在 60% 以上的科研项目数据占总数的 68.1%，"机标分类号"与"人标分类号"一致的占总数的 83.9%，初步证明了该方法的有效性。

4.2 专家潜在合作关系自动发现

科研项目评审既需要同行专家相互合作,又需要规避利益冲突、适度回避或轮换,因此需要对专家的潜在合作关系进行自动发现,以提高评审工作的公平公正。本节利用 LDA 主题模型构建"文献—关键词—研究主题"三层结构构建作者潜在合作关系模型,基于作者研究主题的分类识别作者间的语义相似度,进而挖掘作者潜在合作关系。

关于专家之间的学术合作关系研究可追溯到 20 世纪 60 年代,从文献耦合研究到社会网络分析,研究热点逐步从社会网络的视角切入学术关系的研究[1]。其中,合著关系表现为在同一篇文献中署名,即存在共同撰写论文的情况[2],而随着科学技术的飞速发展、科研工作的日益复杂,各个领域的专家不仅满足于已有合著对象,为加强某学科领域的知识交流与共享,开始逐步挖掘具有潜在合作关系的人员,即如果两位专家标引相同关键词或研究领域相似,则可以

---

[1] WALLACE M L, GINGRAS Y, DUHON R. A new approach for detecting scientific specialties from raw co-citation networks [J]. Journal of the American society for information science and technology, 2009, 60 (2): 240-246.

[2] 邱均平, 缪雯婷. H 指数在人才评价中的应用: 以图书情报学领域中国学者为例 [J]. 科学观察, 2007 (3): 17-22.

判定未来存在潜在合作的可能，或称之为"小同行"。虽然从海量文献数据中自动、准确地判定相似研究主题的潜在合作专家并非易事，但是近年来计算机、文本分析和自然语言处理等技术的发展，为快速准确地找到未来潜在合作对象提供了可能。

2003年，David Blei等[①]在pLSA的基础上提出LDA模型，LDA模型作为一种产生式的非监督性的机器学习技术，其优势在于能够识别大规模文档集合中隐藏的主题信息，即文档—主题和主题—词项的概率分布利用该模型进行文本主题挖掘的优点有如下3点。①解决一词多义和一义多词的问题；②有效消除噪声数据的影响；③无监督，自动化，所以在情报分析中，LDA模型多用来处理多源异构、非结构化语料库的语义表达[②]，能够大大降低文本表示的维度，从而避免维数灾难[③]，进而挖掘科技文献中的潜在主题。因此，本书利用LDA模型对作者潜在合作关系进行挖掘分析。

（1）作者潜在合作关系方法研究

早期，国外主要通过使用文献计量和社会网络分析法研究某领域的科研合作网络特点，从而挖掘作者之间的合作关系[④⑤]。Nils T HAGEN[⑥]在考虑到多位

---

① BlEI D, NG A, JORDAN M. Latent dirichlet allocation [J]. Journal of machine research, 2003, 3 (1): 993-1022.

② 李昌亚, 刘方方. 基于LDA的社科文献主题建模方法 [J]. 计算机技术与发展, 2018 (2): 182-187.

③ 关鹏, 王曰芬, 傅柱. 不同语料下基于LDA主题模型的科学文献主题抽取效果分析 [J]. 图书情报工作, 2016 (2): 112-121.

④ HOU H, KRETSCHMER H, LIU Z. The structure of scientific collaboration networks in scientometrics [J]. Scientometrics, 2008, 75 (2): 189-202.

⑤ OTTE E, ROUSSEAU R. Social network analysis: a powerful strategy, also for the information sciences [J]. Journal of information science, 2002, 28 (6): 441-453.

⑥ HAGEN N T. Harmonic allocation of authorship credit: source-level correction of bibliometric bias assures accurate publication and citation analysis [J]. PLoS ONE, 2008, 3 (12): 1-7.

作者合著的情况下，提出作者合著中的贡献计算等级公式，该方法在作者潜在合作关系挖掘中能够有效区分不同作者之间的合作强度。刘志辉等[①]对作者关键词耦合方法进行实证研究，基于作者文献耦合提出作者关键词耦合方法，作者关键词耦合即通过作者论文中的关键词耦合强度构建作者之间的关系。邱均平等[②]利用作者关键词耦合方法，研究竞争情报领域作者之间的合作关系，同时通过分析合作网络的特点，挖掘该领域存在的潜在合作团队及其相应研究主题。席运江等[③]通过作者关键词耦合分析方法计算两两作者之间的相似度，由此挖掘作者之间的潜在合作关系。刘非凡等[④]基于2模网络和GN聚类算法发现图情领域中关于社会网络主题的潜在合作者，从而划分作者网络并挖掘作者潜在研究主题。

近几年，学者们针对作者关键词耦合方法的不足进行了改进，邓少伟等[⑤]在计算两个作者相似度时引入与合著者的相似度，按照作者排名的顺序设置不同的权重，以解决某些作者关键词数量少的问题，并且能够挖掘跨领域的作者合作关系。刘萍等[⑥]借鉴关联网络的思想，使用向量空间模型和P-Rank算法计

---

① 刘志辉，郑彦宁．基于作者关键词耦合分析的研究专业识别方法研究［J］．情报学报，2013，32（8）：788-796．

② 邱均平，王菲菲．基于SNA的国内竞争情报领域作者合作关系研究［J］．图书馆论坛，2010，30（6）：34-40，134．

③ 席运江，党延忠，廖开际．组织知识系统的知识超网络模型及应用［J］．管理科学学报，2009，12（3）：12-21．

④ 刘非凡，李长玲，魏绪秋．基于2-模网络和G-N社群聚类算法的潜在合作者研究：以国内图情领域的社会网络分析研究为例［J］．情报理论与实践，2014，37（6）：117-122．

⑤ 邓少伟，罗泽，李树仁，等．基于论文共同作者学术关系的学者推荐系统［J］．计算机工程，2013，39（2）：12-17．

⑥ 刘萍，郭月培，郭怡婷．利用作者关键词网络探测作者相似性［J］．现代图书情报技术，2013，29（12）：62-69．

算作者之间的相似度。黄纯万等[1]基于作者关键词的二分图网络，利用 SimRank 图结构算法计算作者相似度，从而挖掘作者及词汇之间的间接关联。沈耕宇等[2]根据论文作者的排序设置不同权重，构建论文与作者的向量空间，利用余弦相似度计算作者之间的相似度，以此来描述作者的合作关系。曹霞等[3]通过构建医学信息学领域合著网络及高产作者间的合作情况，发现作者合作范围狭窄、模式单一等问题。

上述文献大多基于关键词耦合来揭示作者的研究主题，较少考虑作者与关键词之间的语义关系，难以反映作者间的潜在合作关系，所以本书将基于关键词耦合，利用 LDA 主题模型挖掘关键词之间的语义关联，使得作者研究主题的划分更加精确。

（2）主题挖掘（LDA）

研究者在 LDA 主题模型的基础上融入了单个或多个外部属性，如将文献作者信息融入概率分布中从而构建 Author-Topic（AT）模型[4]，使每个作者与主体之间符合多项式分布，每个主题与对应的词项之间符合多项式分布，从而挖掘作者的研究主题。学术界还在 LDA 的基础上加入了时间属性即 TOT（Topic

---

[1] 黄纯万，刘萍. 基于 SimRank 的作者相似度计算 [J]. 情报理论与实践，2015，38（6）：109-114.

[2] 沈耕宇，黄水清，王东波. 以作者合作共现为源数据的科研团队发掘方法研究 [J]. 现代图书情报技术，2013，29（1）：57-62.

[3] 曹霞，崔雷. 基于 SNA 的国外医学信息学领域合著网络研究 [J]. 现代情报，2016，36（3）：129-134.

[4] STEYVERS M, SMYTH P, ROSEN M, et al. Probabilistic-author-topic models for information discovery [C] // Proceedings of the Tenth ACM SIGKDD International Conference on Knowledge Discovery and Data Mining, Seattle, Washington, U. S. A. Seattle, WA, USA：ACM, 2004：306-315.

Over Time）模型，史庆伟等①提出同时融合作者和时间两种外部特征的 AToT 模型，充分挖掘了文献中作者的潜在主题及分析了主题随时间的变化规律。另外，sLDA（supervised latent Dirichlet allocation）模型用于针对标签内容的文档挖掘，在电影排名和网页欢迎度排名预测中均有较好的结果。根据上述多个 LDA 扩展模型可以进行文本聚类、个性化推荐等文本挖掘方面的任务。

LDA 模型也可以用于专家发现。如王萍②利用 Topic-Author 模型将文本内容与作者信息相连，不仅能挖掘文献主题还能根据主题分布获得作者分布。叶春蕾、冷伏海③将引文信息融入 LDA 模型中，即引文—主题概率模型，该模型综合考虑文献中的关键词和引文，通过联合建模完成研究主题识别，其不仅可以获得主题中关键词的分布，而且也能获得相关主题之间的引文分布。上述这几类研究一般都是融合一种外部属性，但随着网络复杂性的提高，超网络在描述多网络系统特性及其之间关系时更具有优势，席运江等④基于 LDA 主题模型，通过构建企业微博主题传播超网络模型，对企业微博的重点传播主题和粉丝的关注热点主题等方面进行分析，并验证了该方法的有效性。除了在外部属性方面进行融合的改进，根据不同需求，LDA 也进行了相应的改变。王平⑤基于 hLDA（hierarchical Latent Dirichlet Allocation）层次概率主题模型，使用 Gibbs 抽样

---

① 史庆伟，乔晓东，徐硕，等. 作者主题演化模型及其在研究兴趣演化分析中的应用 [J]. 情报学报，2013，32（9）：912-919.

② 王萍. 基于概率主题模型的文献知识挖掘 [J]. 情报学报，2011，30（6）：583-590.

③ 叶春蕾，冷伏海. 基于引文—主题概率模型的科技文献主题识别方法研究 [J]. 情报理论与实践，2013，36（9）：100-103.

④ 席运江，赵燕，廖晓，等. 基于 LDA 的企业微博主题传播超网络建模及分析方法 [J]. 管理学报，2018，15（3）：434-441.

⑤ 王平. 基于层次概率主题模型的科技文献主题发现及演化 [J]. 图书情报工作，2014，58（22）：70-77.

和互信息进行模型参数估计和主题词筛选,从而提取高质量的主题词。胡勇军等[1]为解决短文本特征稀疏、噪声大的问题,提出基于 LDA 的高频词扩展的方法,在向量空间模型中,以高频词作为特征空间。张小平等[2]考虑到常用高频词对文档主题的影响,使用高斯函数对特征词进行加权计算。李昌亚等[3]根据社科文献的自身特征对特征词进行标注,然后在 LDA 建模中添加主题特征词权重,从而使得建模结果的主题分布更加准确,更加符合文档集自身的特点。

综上所述,LDA 主题挖掘方法在科技情报分析领域中主要用于科技情报主题挖掘[4],本书针对其挖掘主题的特点,通过对研究主题的分类得到作者在不同主题下的聚类,进而挖掘作者潜在合作关系。

4.2.1 作者潜在合作关系挖掘

4.2.1.1 LDA 作者主题发现方法

LDA 模型作为一种文档主题生成模型,是较为常用的话题挖掘模型,同时又被称为三层贝叶斯概率模型。LDA 模型是包含关键词、研究主题和作者 3 层网络的模型,如图 4-7 所示。一个作者由多个研究主题表示,而每个研究主题又可以由作者文献中的多个关键词进行表示。因此,将一名作者表示为研究主题的概率分布(Author-Topic),而每一个研究主题又可以作为关键词的概率分

---

[1] 胡勇军,江嘉欣,常会友. 基于 LDA 高频词扩展的中文短文本分类 [J]. 现代图书情报技术,2013(6):42-48.

[2] 张小平,周雪忠,黄厚宽,等. 一种改进的 LDA 主题模型 [J]. 北京交通大学学报,2010,34(2):111-114.

[3] 李昌亚,刘方方. 基于 LDA 的社科文献主题建模方法 [J]. 计算机技术与发展,2018,28(2):182-187.

[4] 关鹏,王曰芬,傅柱. 不同语料下基于 LDA 主题模型的科学文献主题抽取效果分析 [J]. 图书情报工作,2016,60(2):112-121.

布（Topic-Word），利用这种方法将作者的关系映射到研究主题 topic 的层面上。

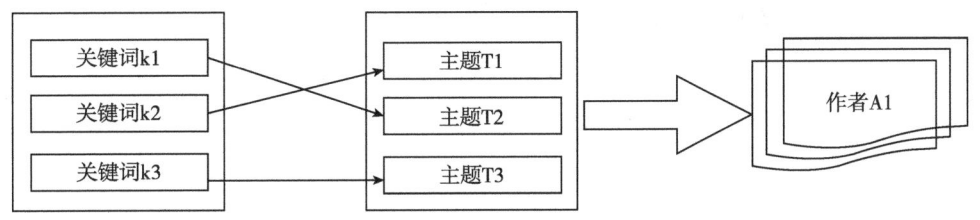

图 4-7 基于 LDA 的关键词—主题—作者关系

LDA 主题模型生成文档的基本思想是：一篇文档的某个词按照一定概率选择了某个主题，然后从抽取的主题出发，以某种概率选择了某个词语，不断重复迭代以上步骤，最终形成文档，文档和主题之间、主题和词之间均服从多项分布。在应用场景中，即通过对给定语料库中作者的文献集进行分词、停用词处理后，利用词袋模型统计每个文献中关键词的频次，再通过训练与学习，获得每个关键词的概率：$P(关键词|作者) = \Sigma P(关键词|主题) \times P(主题|作者)$，其概率可以表示为矩阵形式，即"作者—关键词"矩阵，同理"主题—关键词"和"作者—主题"这两个关联矩阵分别表示研究主题下每个关键词的概率和每个作者包含的研究主题的概率。

图 4-8 为 LDA 主题模型的工作原理，M 表示作者集合，其中 θ 是以向量形式出现的主题参数，该向量表示某个作者在某个主题中出现的概率，$p(\theta|\alpha)$ 表示作者在研究主题上的分布，$p(W_n|Z_n,\beta)$ 表示研究主题中关键词的分布，α、β 均为 Dirichlet 分布上的两个超参数。具体过程如下。

在建模中，首先需确定 α、β 和主题 K 的值，这 3 个值一般根据经验取值，主题 K 应考虑特定领域的适用情况。

对于作者集合 M，基于参数 β，在主题中使用 Dirichlet 分布从而生成有关关键词的分布参数 φ；

对于每个 M 中的作者 m，基于参数 α，在作者中使用 Dirichlet 分布从而生

成有关主题的分布参数 θ;

对于作者 m 中的第 n 个词语 W_mn,先按照 θ 分布采样作者 m 的一个隐含的主题 Z_m,再按照 φ 分布采样主题 Z_m 的一个词语 W_m。

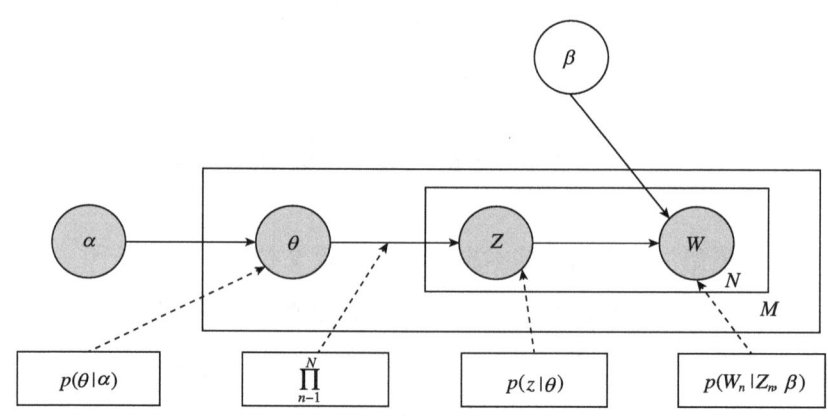

图 4-8　LDA 主题模型的工作原理

由于 LDA 主题模型是基于词语和文档的共现,并且使用先验信息和概率统计提取文档集主题信息的抽象语义,所以词语的重要性是通过文档和主题的分布及主题和词汇的分布来隐性表征的。除了考虑文档中词语的频次,还要考虑单个术语的重要性,即包含特定主题的文档数量越少,文档的重要性就越低,由此可以通过 TF-IDF 值来调整单个术语的重要性,公式为:

$$C_{i,j} = TF_{i,j} \times IDF_{i,j} = \frac{n_{i,j}}{\sum_{k} n_{k,j}} \times \log \frac{|D|}{|D_i|} \quad (4-6)$$

4.2.1.2　作者潜在合作关系空间的定义

潜在合作关系空间即某一作者通过相似研究主题组成的作者潜在合作集合。例如,本书将通过定义作者潜在合作权重来定量测度作者与其他作者潜在合作的可能性。

通过 LDA 主题挖掘得到作者在各研究主题上的概率分布，接下来将利用 JS（Jensen-Shannon）散度计算概率距离，从而得到作者两两之间的相似度。JS 散度是基于 KL（Kullback-Leibler divergence）散度的变体，解决了 KL 散度非对称的问题。一般 JS 散度是对称的，其取值为 0~1。定义如下：

$$JS(P_1 \| P_2) = \frac{1}{2} KL\left(P_1 \| \frac{P_1 + P_2}{2}\right) + \frac{1}{2} KL\left(P_2 \| \frac{P_1 + P_2}{2}\right)。 \quad (4-7)$$

其中，KL 散度公式为：

$$S_{w_i w_j}(w_i \times w_j) = p(w_i) \log \frac{p(w_i)}{p(w_j)}。 \quad (4-8)$$

w_i、w_j 表示某主题下作者 i 和作者 j 的概率。

4.2.2 实证研究

4.2.2.1 数据来源

实验数据来源于万方数据 2016 年以分类号 R73 "肿瘤" 进行检索得到的核心期刊文献信息，数字段包括作者 ID、作者姓名和关键词，其中作者 ID 是为了区别同名作者，每个作者的 ID 是唯一的，最终共得到 11 792 篇文献、41 417 名作者。为了提高分析效果，本书选择高产作者即核心作者作为样本数据，同时为了确定作者对论文的贡献选择其作为第一作者的论文构成文献集。选取发表 4 篇和 4 篇以上的作者为核心作者，共计 555 人，部分核心作者如表 4-1 所示。

表 4-1 肿瘤领域文献高产作者（部分作者示例）

作者 ID	作者姓名	发文数/篇	作者 ID	作者姓名	发文数/篇
4970423	戈伟	18	1412824	王霄英	11
2584598	单保恩	12	6236931	魏敏杰	11

续表

作者 ID	作者姓名	发文数/篇	作者 ID	作者姓名	发文数/篇
2574443	李勇	12	4489593	谢晓冬	10
18004016	许春伟	12	2012872	王守森	10
37409750	石群立	12	2213311	李力	10

利用 SQL sever 的查询匹配功能，在原数据中筛选出核心作者为第一作者发表的文献，共计 627 篇，将相同第一作者的文献合并，最终得到 181 行作者—关键词的组合集，其中不重复关键词共 517 个，将以这 181 位作者为分析对象，挖掘他们之间的潜在合作关系（表 4-2）。

表 4-2　肿瘤领域 181 位作者—关键词数据（部分作者示例）

作者 ID	作者姓名	关键词
1250793	秦叔逵	恶性胸腔积液；恶性腹腔积液；重组改构人肿瘤坏死因子（rmhT-NF-NC）；腔内灌注
1344589	吴穷	临床肿瘤学；PBL 教学法
1407639	克晓燕	血液肿瘤；嵌合抗原受体 T 细胞；免疫治疗
1408266	马潞林	腹腔镜；前列腺癌根治术；适应证；阴茎背深静脉复合体；盆腔淋巴结清扫
1410852	郭小超	肝细胞癌；肝硬化；肝脏影像报告及数据系统；体层摄影术 X 线计算机

4.2.2.2　基于 LDA 模型的作者主题发现实验

本书中 LDA 主题挖掘使用 Python3.6，LDA 模型方法是基于 Python 语言的 gensim 来实现的，gensim 是开源的第三方 python 工具包。根据 TF-IDF 计算方法得出每位作者关键词的 TF-IDF 值，同时列出每个关键词的词频，如表 4-3 所示。从表 4-3 中可以发现，有些关键词不能体现主题意义但词频和 TF-IDF 值都很高,如作者1的"侧俯卧位"、作者3的"体层摄影术 X 线计算机"和作者4的"计算机体层成像",将这些词加入停用词表并经过几次迭代后,随着停用词表的积累,后期研究主题选择的关键词逐渐优化。

表4-3 某4位作者的词频与 TF-IDF 值

	词语	词频	TF-IDF 值
作者1	侧俯卧位	2	0.7271
	胸腔镜	1	0.3636
	食管癌	2	0.5822
作者2	前列腺肿瘤	1	0.5966
	淋巴管瘤	1	0.5966
	肾肿瘤	1	0.5369
作者3	体层摄影术 X 线计算机	1	0.5722
	磁共振成像	1	0.5722
	肝肿瘤	1	0.5876
作者4	印戒细胞癌	1	0.4022
	胃肿瘤	2	0.6371
	计算机体层成像	1	0.4469

将表4-4的 tokens 文件数据导入 LDA,得到作者在研究主题上的分布概率,如表4-5所示。

表4-4 tokens 的关键词权值(部分)

关键词	林岩松	吴兴成	张波	郭利明	赵杨	游箭
131 碘治疗	0.3633	0	0	0	0	0
a549 肺癌细胞	0	0	0	0	0	0
barrett 食管	0	0	0	0	0	0
b 淋巴细胞瘤2	0	0	0	0	0	0

续表

关键词	林岩松	吴兴成	张波	郭利明	赵杨	游箭
cd20	0	0	0	0	0	0
ct 灌注成像	0	0	0	0	0	0
dead 家族多肽 4	0	0	0	0	0	0
dna 甲基化	0	0	0	0	0	0
gata3	0	0	0	0	0	0
id1	0	0	0	0	0	0
lexatumumab	0	0	0	0	0	0
lh86 细胞株	0	0	0	0	0	0
mapk 通路	0	0.1401	0	0	0	0
microrna	0	0	0	0	0	0
pbl 教学法	0	0	0	0	0	0
smad3 基因	0	0	0	0	0	0
t2 期胃癌	0	0	0	0	0	0
t 淋巴母细胞淋巴瘤	0	0	0	0	0	0
t 淋巴细胞亚群	0	0	0	0	0	0.2595

表 4-5 作者在研究主题上的分布概率

	Topic1	Topic2	Topic3	Topic4	Topic5	Topic6	Topic7	Topic8	Topic9	Topic10
秦叔逵	0.02	0.02	0.02	0.02	0.02	0.02	0.62	0.22	0.02	0.02
吴穷	0.03	0.03	0.03	0.03	0.70	0.03	0.03	0.03	0.03	0.03
克晓燕	0.18	0.35	0.02	0.02	0.02	0.02	0.02	0.02	0.02	0.35
马潞林	0.03	0.03	0.03	0.03	0.03	0.03	0.03	0.03	0.03	0.78
郭小超	0.03	0.03	0.03	0.03	0.03	0.03	0.03	0.03	0.03	0.78
王可	0.01	0.01	0.01	0.01	0.01	0.01	0.01	0.01	0.01	0.87
王霄英	0.03	0.03	0.03	0.03	0.03	0.03	0.03	0.03	0.03	0.78
郭卫	0.03	0.03	0.03	0.03	0.78	0.03	0.03	0.03	0.03	0.03
丁宜	0.01	0.01	0.73	0.01	0.16	0.01	0.01	0.01	0.01	0.01
林岩松	0.03	0.03	0.03	0.03	0.03	0.03	0.03	0.03	0.70	0.03

续表

	Topic1	Topic2	Topic3	Topic4	Topic5	Topic6	Topic7	Topic8	Topic9	Topic10
吴兴成	0.01	0.01	0.01	0.01	0.01	0.59	0.01	0.30	0.01	0.01
张波	0.05	0.05	0.05	0.05	0.05	0.05	0.05	0.05	0.55	0.05
郭利明	0.05	0.55	0.05	0.05	0.05	0.05	0.05	0.05	0.05	0.05
赵杨	0.03	0.03	0.03	0.03	0.28	0.28	0.03	0.03	0.28	0.03
游箭	0.22	0.02	0.02	0.02	0.62	0.02	0.02	0.02	0.02	0.02
张曦	0.03	0.03	0.03	0.03	0.03	0.70	0.03	0.03	0.03	0.03
张志文	0.05	0.05	0.05	0.55	0.05	0.05	0.05	0.05	0.05	0.05
邵志敏	0.52	0.02	0.02	0.02	0.02	0.27	0.02	0.02	0.02	0.02
钟文昭	0.70	0.03	0.03	0.03	0.03	0.03	0.03	0.03	0.03	0.03

4.2.2.3 结果分析

通过 LDA 主题挖掘得到的作者潜在合作关系，可解释为在同一个主题下的作者两两之间具有潜在合作关系。对表 4-6 得到的作者相似度矩阵进行降序排列，同时去除已有合著关系的作者对，其中相似度大于 0.5 的共有 67 对作者，部分结果如表 4-7 所示。

表 4-6 基于 LDA 模型的作者相似度矩阵

	秦叔逵	吴穷	克晓燕	马潞林	郭小超	王可	王霄英	郭卫	丁宜	林岩松
秦叔逵	0	0.4088	0.4508	0.4450	0.4450	0.5027	0.4450	0.4450	0.4849	0.4088
吴穷	0.4088	0	0.3983	0.4100	0.4100	0.4704	0.4100	0.0036	0.3042	0.3727
克晓燕	0.4508	0.3983	0	0.1621	0.1621	0.1968	0.1621	0.4385	0.4865	0.3983
马潞林	0.4450	0.4100	0.1621	0	0	0.0081	0.00001	0.4433	0.4760	0.4100
郭小超	0.4450	0.4100	0.1621	0	0	0.0081	0.00001	0.4433	0.4760	0.4100
王可	0.5027	0.4704	0.1968	0.0081	0.0081	0	0.0081	0.4973	0.5274	0.4704
王霄英	0.4450	0.4100	0.1621	0.00001	0.00001	0.0081	0	0.4433	0.4760	0.4100

续表

	秦叔逵	吴穷	克晓燕	马潞林	郭小超	王可	王霄英	郭卫	丁宜	林岩松
郭卫	0.4450	0.0036	0.4385	0.4433	0.4433	0.4973	0.4433	0	0.3239	0.4100
丁宜	0.4849	0.3042	0.4865	0.4760	0.4760	0.5274	0.4760	0.3239	0	0.4437
林岩松	0.4088	0.3727	0.3983	0.4100	0.4100	0.4704	0.4100	0.4100	0.4437	0

表4-7 作者潜在合作关系权重值（部分作者示例）[①]

作者1	作者2	合作关系权重
马敏杰	郭利明	0.990
张林西	胡文斌	0.990
李勇	张百红	0.990
张大福	王霄英	0.864
戴彭辰	王维	0.841
林艺兰	张林西	0.840
林艺兰	胡文斌	0.840
韩玮	赵倩	0.805
张志栋	张百红	0.797
戴彭辰	王居正	0.791
吴春涛	谷蕾	0.776
赵娟	郭鹏	0.774
张潍	戴彭辰	0.714
次旦旺久	王霄英	0.709
韩玮	迪力夏提·金斯汗	0.702
张潍	刘颖	0.700
张大福	次旦旺久	0.689

---

① 作者之间的合作关系采用无向图，不考虑作者之间的合作顺序。

续表

作者1	作者2	合作关系权重
邵志敏	贺春钰	0.668
王维	王居正	0.665
刘一诚	王维	0.665

将（马敏杰，郭利明）、（张林西，胡文斌）、（李勇，张百红）、（张大福，王霄英）和（戴彭辰，王维）以上作者姓名输入中国知网并进行检索，与作者发表文献中的研究领域进行对比，如（马敏杰，郭利明）中两者研究重心均为消化系肿瘤，同时均有关于"食管癌"的研究，而且在两位作者的合作学者图谱中都互相没有前期合作经历，因此可以判定这两位作者具有潜在合作关系。同理，分别对另外4个作者对进行验证，<张林西，胡文斌>都有研究消化系肿瘤中结直肠癌的研究主题，<李勇，张百红>、<张大福，王霄英>和<戴彭辰，王维>的研究主题分别是胃肿瘤、肝肿瘤和非小细胞肺癌，均为相同研究主题。同时，在原数据集中查找这5对作者相对应的文献，并筛选出这5位作者各自作为第一作者的文献，如表4-8所示，从表中可以判断作者之间的研究主题高度相似。

表4-8 作者文献关键词对比

作者	文献	关键词
马敏杰	食管切除后食管胃器械吻合与手工吻合疗效的 Meta 分析；	食管胃吻合，器械吻合，手工吻合，随机对照试验，Meta 分析；
郭利明	FOXP3 在食管癌中表达规律研究	FOXP3，食管癌，表达规律
张林西	新生血管、淋巴管在结直肠癌进展中的作用；	结直肠癌，免疫组织化学，血管内皮生长因子，微血管密度，微淋巴管密度；
胡文斌	江苏省昆山市1981—2014年结直肠癌死亡趋势分析	结直肠癌，死亡率，年度变化百分比，累积率

续表

作者	文献	关键词
李勇	胃癌组织核转录因子 κB，p65 蛋白表达与肿瘤多药耐药性的关系；	胃肿瘤，多药耐药相关蛋白质类，核转录因子 κB；
张百红	舒肝宁注射液治疗晚期胃癌患者 DCF 方案治疗所致药物性肝损伤临床疗效观察	胃肿瘤，药物性肝损伤/中医药疗法，舒肝宁注射液
张大福	新型双能 CT 融合技术对肝癌 TACE 术后的评估；	肝肿瘤，体层摄影术，X 线计算机；
王霄英	学习和应用最新知识，规范化地提高肝细胞肝癌的影像诊断水平	肝肿瘤，磁共振成像，体层摄影术，X 线计算机，超声，对比增强扫描
戴彭辰	吸入伊洛前列素对非小细胞肺癌细胞化疗敏感性的影响；	非小细胞肺癌，伊洛前列素，化疗敏感性；
王维	DLL4 和 TMPRSS4 在非小细胞肺癌中的表达及临床意义	癌，非小细胞肺，DLL4，TMPRSS4，免疫组织化学，基因表达

4.2.3 小结

采用 LDA 主题模型方法对作者潜在合作关系进行挖掘研究，利用作者标注的关键词对研究主题进行描述，比文献同被引分析、作者文献耦合分析具有更高的可靠性和解释力。在计算作者相似度时，引入 LDA 模型的"词语—文档—主题"层模型（其中文档表示作者），同时借鉴和采用 TF-IDF 方法对关键词进行权重加权，综合考虑关键词频次和关键词分布等对作者相似度的影响。最后，利用"肿瘤"文献数据进行实证研究，结果表明该方法有助于发现专家的潜在合作关系，从而为科研项目评审专家的轮换、回避提供支持。

4.3
基于叙词表的关键词共现网络优化

由关键词及其共现关系形成的网络称为"共现网络",它是以关键词作为"知识单元"构建的知识网络。由于专家自主标注关键词具有模糊性、非结构化及语义关系弱等缺点,因此在推荐同行专家时容易出现专家群体过于庞大且研究方向比较发散的问题,从而影响专家抽取结果的准确性。叙词表作为主题词表具有明确的语义关系和严谨的选词规范,以规范化、具有明确概念含义的叙词为基本单位表达知识关联,因此基于叙词表对关键词共现网络进行优化,有望将专家研究方向进行聚焦,提高专家信息标注、自动推理的智能性,这对实现专家研究专长的规范化标注、同行专家的自动推荐具有重要意义[①]。

本节利用叙词表来约束共现网络,提出基于叙词表优化关键词共现网络的方法,有助于提升共现网络的知识关联性和规范性。因此,本节首先构建关键词共现网络,进而基于叙词表的等同、等级及相关关系对网络进行收敛,并对优化前后的网络特征进行分析比较。实验表明,基于叙词表语义关系有助于优化聚拢共现网络,提高共现网络的中心聚集度和密度。

---

① 曹丽珠,宋培彦.基于叙词表的关键词共现网络优化[J].医学信息学杂志,2018,39(5):65-71.

基于叙词表完成共现网络的优化，实现语义层面的互操作[①]，已经有一些前期成果。20世纪60年代就已提出关于词表的互操作问题，如美国国立医学图书馆的UMLS Metathesaurus项目[②]、英国JISC和RSLP创建的高层叙词表项目[③]（High-Level Thesaurus Project，HILT）及联合国粮农组织开展的AGROVOC项目[④]，其在多领域、跨语言、多类型词表的互操作方面已经初见成效。常春等[⑤]依据中文与英文词表的概念语义映射方法、概念映射数据描述、机器辅助和最短距离映射规则等，提出了对《汉语主题词表》进行扩充和完善的方法，进而实现中英文概念映射。侯汉清[⑥]在基于《中图分类主题词表》的思想上，利用计算机技术、自然语言处理、数学方法等来解决同义词识别、语词匹配、映射关系发现等问题，实现不同分类法、主题法之间的互操作，进而构建一个以《中分表》为基础的集成词库。毕强等[⑦]探索基于元数据本体的数字图书馆系统间的互操作策略，以解决数字图书馆系统不同本体之间的互操作问题。胡

[①] 贾君枝. 基于ISO 25964的词表互操作实现探析［J］. 数字图书馆论坛，2016，12（12）：9-14.

[②] U. S. National Library of Medicine. Unified medical language system（UMLS）［EB/OL］.［2018-01-23］. https：//www. nlm. nih. gov/research/umls/.

[③] HLIT：high-level thesaurus project proposal［EB/OL］.［2018-01-23］. http：//hilt. cdlr. strath. ac. u-k/abouthilt/proposal. html.

[④] AIMS. AGROVOC multilingual agricultural thesaurus［EB/OL］.［2018-01-23］. http：//aims. fao. or-g/vest-registry/vocabularies/agrovocmultilingual-agricultural-thesaurus.

[⑤] 常春，曾建勋，吴雯娜，等. 《汉语主题词表》与英文超级科技词表概念映射构架设计［J］. 数字图书馆论坛，2012（12）：28-32.

[⑥] 侯汉清. 建立以《中国分类主题词表》为核心的检索语言兼容体系［J］. 北京图书馆馆刊，1998（4）：35-39，90.

[⑦] 毕强，韩毅. 语义网格环境下基于元数据本体的数字图书馆互操作研究［J］. 图书情报工作，2009，53（15）：17-20，82.

滨等[①]总结了知识组织系统的 3 种互操作模式和 8 种互操作方法，提出国内知识组织系统互操作研究应注重跨语言的互操作、中外文分类法兼容及分类语言和主题语言的互操作，以及跨词表和跨领域知识组织系统的互操作。可见，叙词表互操作主要研究方向包括实现跨语言之间的信息检索，依据叙词表解决概念映射问题及构建集成词库等。本书结合共现网络及叙词表互操作的相关研究工作，构建以概念为核心、具有较高相关度的共现知识网络，借助叙词表严格规范的语义关系来约束共现网络，从而提高知识关联性，为专家发现提供更可靠的知识基础。

4.3.1 关键词共现网络优化模型

根据国际标准化组织《ISO25964 信息与文献——叙词表及与其他词表的互操作——第二部分：与其他词表互操作》，叙词表主要涉及等同、等级和相关 3 种语义关系，主要通过这 3 种关系来优化关键词共现网络。如图 4-9a 所示，图中共有 5 个节点，连线上的数值为两两之间的权重，节点 A 与节点 B、节点 C 都相连，节点 C 与节点 D、节点 E 相连。节点 C 与节点 D 从字面来看两者相似，查阅相关资料后发现 C 为规范词，D 为非规范词，即两者为同义关系，则删去节点 D，并将两者之间的权重加到节点 A 与节点 C 之间的权重上，结果如图 4-9b 所示。图 4-9a 中节点 C 与节点 E 相连，查阅叙词表后发现节点 E 是节点 C 的上位词，则将节点 C 与节点 E 交换位置，结果如图 4-9c 所示。另外，对于相关关系则需要通过计算词之间的语义相关度来确定。

[①] 胡滨，吴雯娜. 国内外知识组织系统互操作模式及方法研究 [J]. 情报科学，2012，30 (9)：1291-1297.

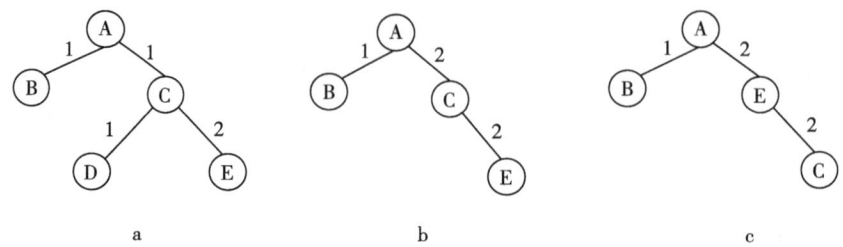

图4-9 共现网络的等同、等级和相关关系归并过程示意

《中文医学主题词表》(Chinese Medical Subject Headings, CMesh) 是中国医学科学院医学信息研究所出版的《医学主题词表》中文版,用于中文医学文献的标引、编目和检索。医学主题词为同一概念具有不同表达方式的词语提供了规范、标准的用语,使文献加工处理达到高度统一,为文献查询提供了便利。

在数据层,进行用户自主标注关键词数据收集、预处理后构建关键词共现网络,将其作为后续处理的基础。在语义层,依据叙词表的3种语义关系进行共现网络优化,分别进行归并处理,以提高知识网络的密度和关联性。在应用层,使用Neo4j图数据库存储数据,借助Neo4j高效查询能力和可视化界面更好地分析和评测共现网络。在分析层,使用UCINET软件进行密度和中心性分析,用于改进语义层的关联效果(图4-10)。

4.3.2 实证研究

4.3.2.1 数据来源

以《中国图书馆分类法》中R733.7"白血病"为依据,从万方数据抽取2016年核心期刊中与"白血病"相关的关键词,形成268×268的共现矩阵。

第四章　知识驱动的专家发现辅助技术

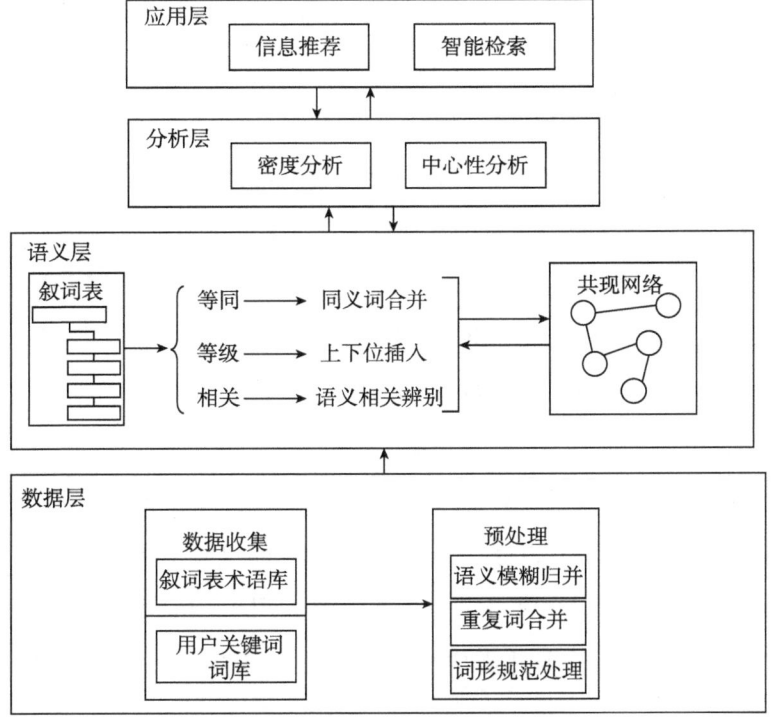

图 4-10　关键词共现网络优化模型

使用 Mesh 主题词，获取白血病部分的主题词，"白血病"主题共分为三大类，其中"白血病，实验性"对应的主题词有 5 个，"白血病，淋巴样"对应的主题词有 15 个，"白血病，髓样"对应的主题词有 21 个。

4.3.2.2　关键词处理

虽然专家在撰写论文时会尽量使用规范词，但仍不排除作者会根据自己对某些知识的理解给出一些非规范标引词。本部分根据叙词表《医学主题词表》中的相关部分，对这 1154 条数据进行规范化处理，共制定了如下几条准则。

（1）关键词的规范化处理

① 处理符号、语义模糊的关键词。如通过查阅相关资料发现"BCR/ABL

融合基因"与"BCR-ABL 融合基因"两者为同一含义，因此删去其中之一。再如，"21）"查阅相关医学资料发现该词一般与"t（8"同时出现，即"t（8，21）"，指向的是"急性髓细胞白血病"，故将"t（8，21）"修改为"急性髓细胞白血病"。另外，像"."这一类词可能因为书写错误或抽取过程中出现误差使词不完整，通过查看该词的频次发现仅为 1，影响甚微所以删去。"SUP-B15 细胞"指向"PH＋骨髓急性淋巴白血病细胞"，故删去"SUP-B15 细胞"。

② 处理重复关键词。如"BCR/ABL 融合基因"重复出现 2 次，"BCR-ABL"与"bcr-abl"仅是大小写的区别，因此对于此类关键词进行人工查找并去除重复词，结果共发现 129 组重复词。

最终经过排查处理得到 983 条数据，其中频次为 1 的有 880 条，频次为 2 的有 63 条，频次为 3 的有 20 条，最高频次为 54 的仅有 1 条，将关键词的共现关系导入 Neo4j 数据库后，部分节点关系网络如图 4-11 所示，可以发现存在一部分散点游离在周边，因此需要根据叙词表的 3 类关系继续对关键词进行优化。

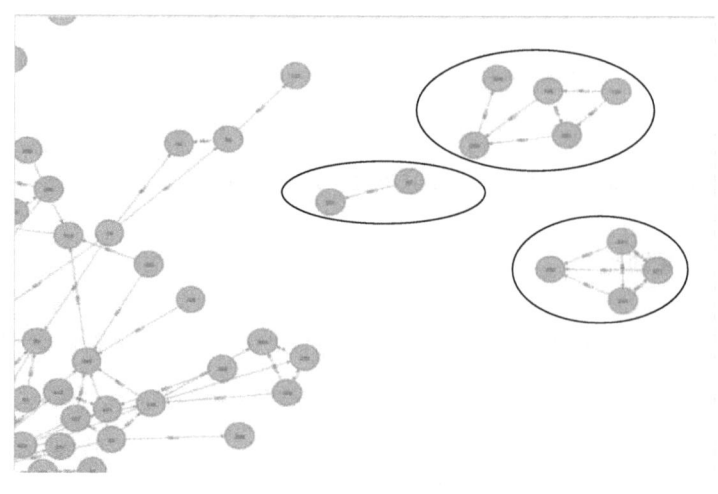

图 4-11　部分节点关系网络

（2）节点优化处理

从图4-11中可以发现网络四周有部分单独小组，距离中心较远，所以对这类词进行处理（为方便查看，下文所有关键词括号内的数字为其ID号）。

① 处理相关性弱的关键词。图4-12a包含4个节点："CD34+细胞（57）"、"β-catenin（284）"、"吲哚美辛（1054）"和"慢性粒细胞白血病，急变期（708）"，前3种分别表示"造血干细胞"、"多功能蛋白质"和"消炎药"，指向范围较宽。另外，"慢性粒细胞白血病，急变期"作为ID为705的"慢性粒细胞白血病"的下位词，将两者连线并在共现矩阵中权重叠加。图4-12d包含的5个节点："亚细胞定位（1010）"、"Ezrin（99）"、"上皮钙黏蛋白（845）"、"淋巴结转移（683）"和"乳腺癌（832）"，通过查阅资料发现均指向各蛋白或乳腺癌转移等方面，和白血病不相关，故删去节点。

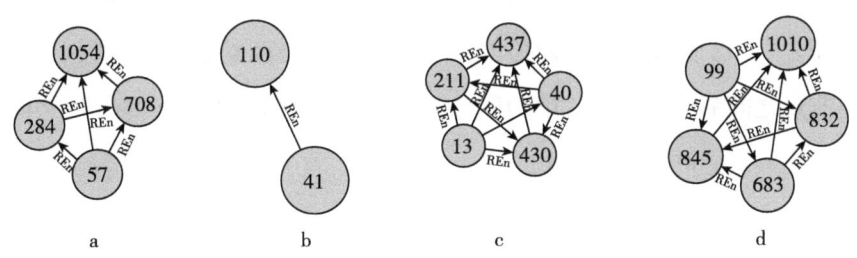

图4-12 游离散点组

② 处理等同关系的关键词。图4-12b包含2个节点："BRD4（41）"和"GSK525762A（110）"。其中，"GSK525762A"是"BRD4"的一种制剂，针对急性B淋巴细胞白血病，因此将两者合并，将其与ID为579的"急性B淋巴细胞白血病"连线，并在共现矩阵中权重叠加。

③ 处理等级关系的关键词。图4-12c包含5个节点："儿童B-ALL（437）"、"PCR片段分析（211）"、"ALL融合基因检测（13）"、"多重PCR（430）"和"BIOMED-2标准化Ig基因重排（40）"，通过查阅资料发现"儿童

B-ALL"均指向儿童急性淋巴细胞白血病,其余词为其下位词,所以将"儿童 B-ALL"与 ID 号为 594 的"急性淋巴细胞白血病"相连,并在共现矩阵中权重叠加。通过上述优化,得到节点数为 969 个。

经过优化处理后网络仍然较为庞大,部分分支较长,考虑到越接近中心相关度越高,所以接下来考虑对分支较长的部分进行优化处理,部分节点如图 4-13 所示。如图 4-13a 所示,这一组是关于"硫鸟嘌呤"部分的关键词,无需做优化。如图 4-13b 所示,"微小 RNA-181a(903)"是急性白血病的下位词,从图中发现它的上位词是髓系白血病,所以去除两者之间的连线,将"微小 RNA-181a"与 ID 为 583 的"急性白血病"相连。"全反式维甲酸(807)"和"4-氨基-2-三氟甲基苯基维甲酸酯(3)"经查阅资料发现二者均属于"急性早幼粒细胞白血病",所以删去"4-氨基-2-三氟甲基苯基维甲酸酯",因为"全反式维甲酸"与"小儿急性早幼粒细胞白血病"相连,所以共现矩阵不做处理。"人白血病 K562 细胞(815)"属于"慢性髓系白血病",所以删去与其他节点之间的连线,增加与 ID 号为 714 的"慢性髓系白血病"之间的连线,并且在共现矩阵中权重叠加。

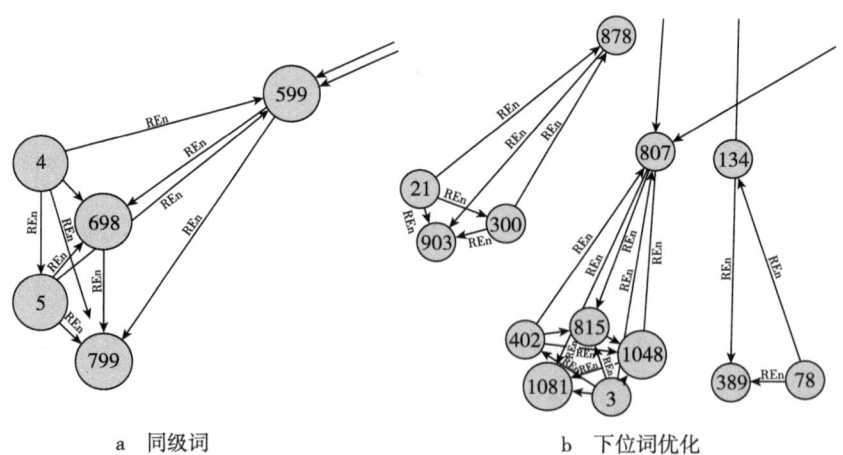

a 同级词　　　　　　　　b 下位词优化

图 4-13　分支较长组优化处理方式

根据上述方法对剩下的 10 组词语进行优化处理，最终节点数有 925 个，网络变得更加紧凑并且游离点大大减少，但仍存在一些孤立点，如 ID 为 579 的"急性 B 淋巴细胞白血病"与 ID 为 41 的"BRD4"，虽然它们已做过优化，但目前仍处于边缘，而急性 B 淋巴细胞白血病为"急性白血病"的下位词，关联紧密，因此将其与"急性淋巴白血病"相连，并在共现矩阵中添加权重值 1。另外，"大蒜素"与"CXCR4 启动子"和"T 淋巴细胞"关联较小，而 ID 为 134 的"Jurkat 细胞"正是用于研究急性 T 细胞白血病，所以直接删去 ID 为 76 和 389 的节点。

最终通过对游离散点及离中心点较远的关键词进行优化后，得到 852 个节点，优化效果如图 4-14b 所示。与原始图 4-14a 相比较，网络更加紧凑，中心更加明显清晰。

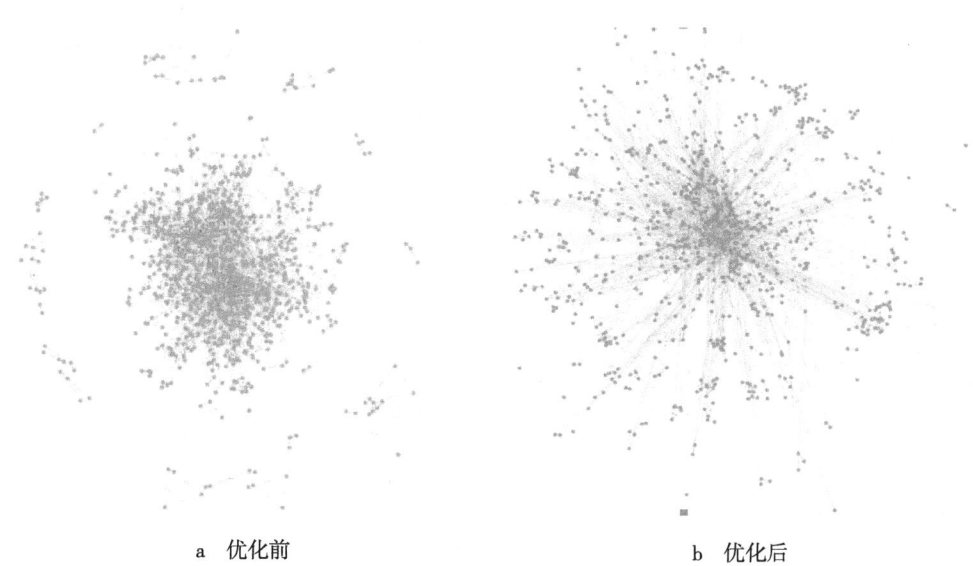

a 优化前　　　　　　　　　　b 优化后

图 4-14　关键词共现网络优化效果对比

4.3.2.3 共现网络优化效果分析

图是共现网络的一种展现形式,适用于采用社会网络分析法进行描述和评测。社会网络分析法运用定量分析的方法测量网络结构,刻画网络的具体形态和特性。本部分利用社会网络分析法对共现网络结构和特征进行分析,用以描述整个网络的规模和紧凑程度。

网络密度(Density)可用于刻画网络中节点间相互连边的密集程度,即网络中实际存在的边数与可容纳的边数上限的比值。网络密度计算公式为:

$$d(G) = \frac{2L}{N(N-1)} \text{。} \qquad (4-9)$$

其中,N 代表网络节点,L 代表网络中的实际连边。也就是说,网络中的节点越多,连边越少,则网络密度越低,知识的关联性越弱;反之,网络中的节点越少、连边越多,则网络密度越高,知识的关联性和内聚性越强,其应用效果就越好。

从表4-9可以发现,采用叙词表进行优化后,共现网络的网络密度提高了13.81%,这说明经过优化处理,网络更加紧凑,节点之间的关系更加密切。

表4-9 优化前后网络密度变化

	优化前	优化后	提升幅度
密度	4.85	5.52	13.81%

4.3.3 小结

本节以"白血病"为例,基于叙词表语义关系优化关键词共现网络。实验研究表明,医学主题词表严谨,通过主题词与用户自主标注关键词相互结合,使得共现网络更加紧凑、语义关系更为紧密,从而形成开放性、动态性的专家信息知识组织方式，这对于大数据环境下的专家发现、智能推荐具有重要应用价值。不足之处是，叙词表一般规模较小，对共现网络的优化作用还需要再强化，未来可以通过与本体、术语库等其他知识资源的映射，探索本方法在大规模知识库的适用性，形成面向计算机自动处理的知识组织方法，促进专家发现更加精准化和自动化。

本章从科研项目评审需求出发，研究了基于用户自然标注的 TF-IDF 辅助标引算法，进而基于 LDA 主题模型构建了"文献—关键词—研究主题"的专家潜在合作关系模型，最后基于语义化的社会网络方法，与叙词表等建立关联，以网络图的方法揭示同行专家之间的潜在合作关系和领域特长，通过概念关系网络实现同行专家的识别与遴选，为科研项目推荐负责任评审专家。

第五章
科研项目评审专家发现原型系统设计与示范应用

本章基于科研项目评审需求，设计了科研项目评审专家发现原型系统，包括以下 3 个方面。①专家抽取模式的选择，即首先构建领域语义关系网络，将专家的论文集合与用户抽取词在语义关系网络中统一表示，结合专家的权威度进行排序，得到遴选结果；②专家权威度的判定，即依据专家个人专长、科研成果、承担项目和社会兼职 4 个方面的信息进行加权计算，并结合 h 指数、NIF 指数，得到归一化的权威度；③用户交互界面设计。最终的专家推荐模块包含分组申请、专家检索、专家确认、专家评价 4 个子功能。

在系统设计中，不但完成了模型、算法设计和原型系统，还将原型系统升级为可以纳入业务系统的部分，使专家遴选算法模块与业务应用系统紧密结合，能够更有效地提供科技项目评审服务。

5.1

功能设计

5.1.1 设计概述

5.1.1.1 数据驱动的专家抽取模式

科技人员（专家）是进行科技创新的关键要素之一。基于科研项目管理需求和业务流程，本部分设计了专家信息的录入与维护、专家抽取、专家参与项目的评审信息反馈等功能，形成数据驱动的人才发现与推荐。

在专家信息管理和项目评审等核心功能基础上，还设计了专家评价、专家信用管理、专家回避等功能，实现负责任评审。在专家评价的过程中，主要依据评价指标参数和模型，基于专家获得奖励、荣誉、科研产出成果、参与项目和评审项目的经验等数据进行评价；基于专家的评审记录、项目参与记录等进行专家信用评价；基于学术合作关系等社会网络开展专家轮换和回避管理。系统对专家选取、信息查看、专家评审、人员回避等活动进行全程操作留痕，所有记录做到可查询、可回溯、可评估。

各类数据汇集后，通过本书提出的术语计算、社会网络分析、引文分析和聚类分析等理论与方法，重点对用户自主标注关键词、引用关系进行计算，多维度标识专家从事科技活动的领域特征,并提取相应科研合作关系,形成基于约束条件的项目评审专家推荐总体方案,如图 5-1 所示。

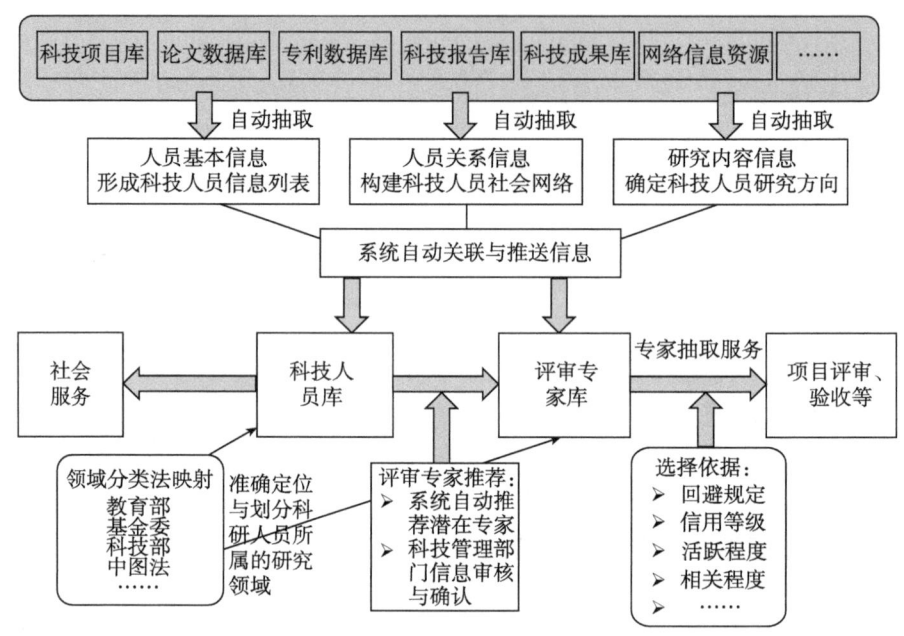

图 5-1 项目评审专家约束条件遴选流程

在科研项目评审过程中,主管单位往往有侧重的选题方向并发布指南,评审专家遴选需要以项目指南作为主要依据,并保持高度一致。因此,本系统选择以用户拟定的抽取词或表达抽取意图的简短文本为输入的形式。其优点是输入形式简单可控,用户对输入信息一目了然,而且"按词抽取"是科研项目专家抽取的主流工作模式,与底层的术语知识库、叙词表相互映射,符合科研项目管理者行为习惯,如图 5-2 所示。

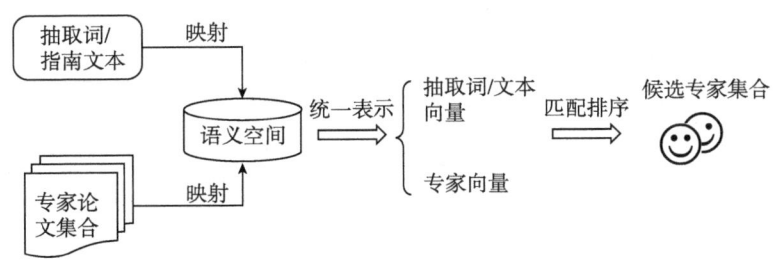

图 5-2　科研项目评审专家抽取模式

5.1.1.2　专家研究专长的自动发现

根据专家成果中的关键词,自动生成较为规范的词汇,用于描述专家的研究方向。本系统专家遴选算法并非词汇层面的简单匹配,而是基于共现网络层面的扩展和映射,此外还将专家承担及评审过的项目、专家任职单位等更多基本信息关联进来,辅助用户决策,如专家的学科领域、研究方向与抽取词的相关度位序、权威度、近年活跃度等参考信息。

系统的主要特点是:①根据术语聚类和用词规律,自动计算专家研究专长的标签,并与《汉语主题词表》等进行语义关联,借助叙词表的语义关系,标签具有了较强的规范性或语义关联,适合进行专家专长识别、小同行专家发现;②用户拟定抽取词时,可以通过共现关系网络发掘更多的同行专家,扩大专家推荐范围,支撑专家轮换;③用户可以自动标注项目信息中的关键词和类别,实现与专家研究方向的双向匹配,自动获得更为适配的专家。

5.1.2　系统架构

本系统分为用户层、业务层和数据层,总体架构如图 5-3 所示。

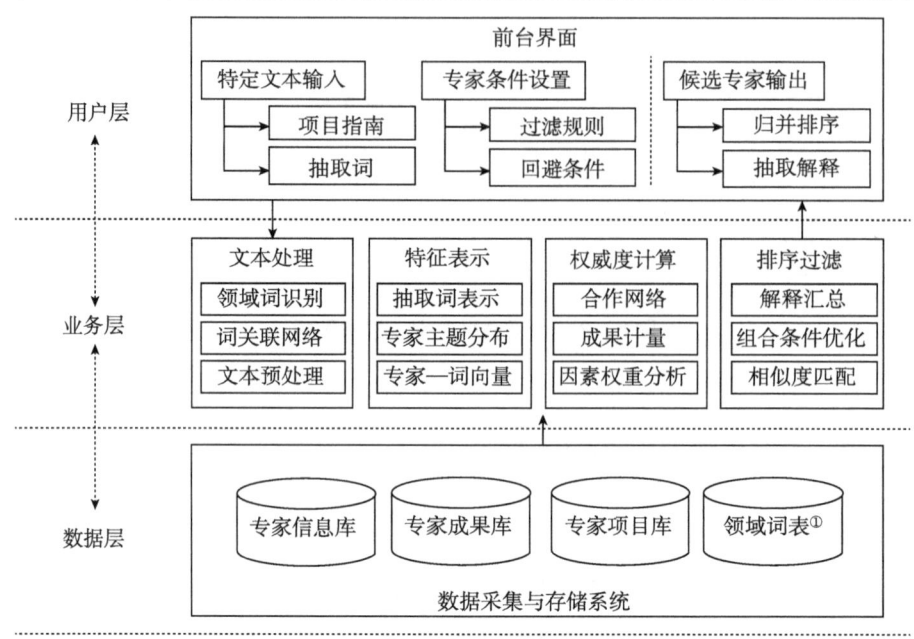

图 5-3 专家遴选总体架构

主要模块包括以下几个方面。

① 用户角度的"前台界面"和功能模块主要是对各领域项目指南进行词汇级别的处理,包括基本自然语言处理步骤(分词、去除停用词、按照词性过滤、计算词汇权重),得到共现关系矩阵,计算词汇语义特征及其在网络中的重要性,用于识别具有领域概括性的词汇,为领域词识别、专家研究特征表示提供基础。

② 业务层"文本处理"与"特征表示"是在项目申报书等文本处理的基础上,对项目名称、摘要等术语词汇进行筛选得到规范度较高的词;同时在共现关系网络和聚类中扩展,得到这些词的语义关联。根据词汇在共现网络中的重要性和概括度选择词汇,在用户拟定抽取词时扩展与之相关的领域术语。同

---

① 图中"领域词表"包括叙词表、作者标注关键词等。

时，对专家的权威性进行计算，可以通过 NIF 指数或 h 指数实现。

③ 数据层实现专家与多来源数据的关联。采用 CERIF 数据关联模型，将专家与成果库、项目库、术语库进行关联，进而通过聚类技术和 LDA 模型计算得到专家的研究专长和潜在合作关系，可实现专家标签与项目需求的高度匹配，同时，实现与基础数据的关联与自动更新，以接近于实时计算的方式识别专家研究专长和动态变化，提供丰富而可靠的数据基础。

5.1.3 数据接口

为了识别和调用专家的研究专长标签，参照 Cerif 模型实现专家多源数据的关联，如对论文、专利、项目等各类数据的有效关联，重点包括中文题名、中文作者名、关键词、摘要、机标关键词等，如图 5－4 所示。

	A	B	C	D	E	F	G	H	I	J
1	专家国科管唯一标识	文献ID	中文题名	中文作者	作者单位	关键词	摘要	机标关键词		
2	ZJ_120000_11137	xdjyjs2009	毕业设计过	柯永振%刘	天津工业大	毕业设计%过	为提高毕	毕业设计%设计过程管理%质		
3	ZJ_120000_11137	yqybyh20	串口仪器仪	刘本伟%柯	天津工业大	串口设备%串	本文主要	串口通讯协议%仪器仪表%通		
4	ZJ_120000_11137	jsjgcyyy20	具有PFS特	王赜%刘文	天津工业大	多媒体安全%	设计面向	特性%媒体安全%通信协议%co		
5	ZJ_120000_11137	kjxx20092	基于SAP B	车小鹏%柯	天津工业大	钢铁行业%销	本文从钢	SAP%钢铁行业%销售分析%库		
6	ZJ_120000_11137	tjfzgxyxb2	机房门禁系	于晓刚%柯	天津工业大	机房%门禁系	针对机房	机房%门禁系统%开发工具%应		
7	ZJ_120000_11137	jsjgc20101	3G用户在W	王赜%刘文	天津工业大	基于身份加密	EAP-AKA	WLANs%认证方法%Users%接		
8	ZJ_120000_11137	xtfzxb201	一种入侵预	张桂玲%柯	天津工业大	入侵预测%模	对基于系	入侵检测系统%预测系统%建		
9	ZJ_120000_11137	jsjgcyyy20	采用身份签	王赜%刘文	天津工业大	身份签名%无	无线Mes	基于身份签名%签名技术%无		
10	ZJ_120000_11137	xdjyjs2010	基于Web的	刘文菊%柯	天津工业大	数据库%远程	传统数据	Web方式%数据库%远程%实验		
11	ZJ_120000_11137	jsjyyyrj200	网上报名及	柯永振%靳	天津工业大	网上报告%准	详细介绍	网上报名%考试%处理系统%子		
12	ZJ_120000_11137	jsjgcyyy20	具有可扩展	王赜%刘文	天津工业大	无线Mesh网%	分析了无	可扩展性%无线%网络适配%接		
13	ZJ_120000_11185	ahnykx201	基于WebGI	刘同海%李	天津农学院	ASP.NET%作物	阐述了基	WebGIS%作物生产%信息服务		

图 5－4　输入数据要求及样例

以医学领域专家为例，根据 GB/T 13745—2009《学科分类与代码》挑选人文社科领域之外的一级学科（医学具体到二级）代码，使其能够覆盖相对完整的科学技术学科门类。除了医学，其余学科的代码取 3 位，医学门类的代码取 5 位。例如，计算机领域为“520”，图书情报档案领域为“870”，外科医学为

"32027",得到学科代码表 A。

按照学科代码表 A,从专家库中的"科技人员基本信息表"的"学科分类代码"字段依次筛选,将一个学科中的专家信息提取出来。例如,想获得计算机专家,则在"科技人员基本信息表"中筛选以"520"开头的记录,取"专家唯一标识""学科分类代码""领域""研究方向"等字段得到集合 B。

以集合 B 中的"专家唯一标识"为线索,从"专家关联成果数据库"提取"专家唯一标识"、"文献 ID"、中文题名、中文作者姓名、作者单位、关键词、摘要、机标关键词,从而得到集合 C。重复第 2、第 3 步,直至得到每个学科的专家文献集合,系统会逐个对学科进行词汇抽取和专家匹配,按照领域类别进行专家推荐。

5.1.4 功能定义

5.1.4.1 数据预处理

本部分为线下处理模块。输入领域文献或领域专家的成果(论文),包括标题、摘要、作者关键词、机标关键词、用户给出的抽取词/文本段。主要功能是形成领域词汇集合,并为词义计算、重要领域词识别等提供基础。如图 5-5 所示,实线框内从下至上分别是术语计算与专家信息匹配模块主要的功能,虚线框分别是本模块的输入和输出。

输入文本经过自然语言处理工具进行分词、去除停用词;计算词频并过滤低频词。对于有代表性的重要词汇进行共现计算或者聚类,以高频词为基础构建初步的词汇共现网络,并动态扩充词库。

5.1.4.2 专家特征表示

基于专家产出成果,用词义计算技术进行专家研究特征的表示,如图 5-6

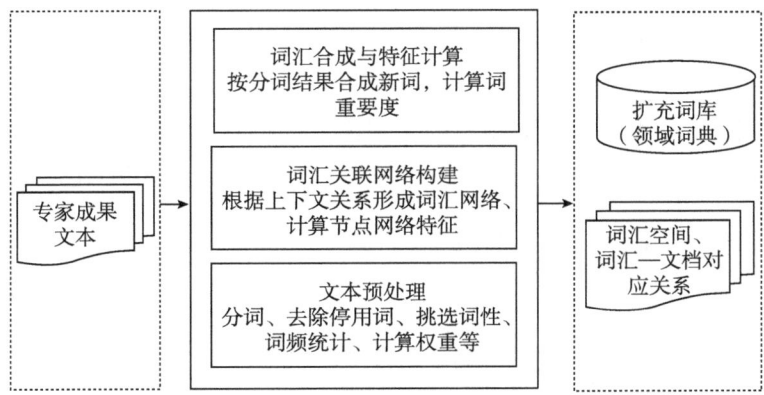

图 5-5　术语计算与同行专家抽取过程

所示。输入是数据预处理阶段得到的整个词汇集合，同时记录词汇与所在文献和专家的对应关系。输出是与抽取词具有相近语义关系的专家排序列表。处理过程中，将每个文献用 LDA 模型表示为其主题的概率分布，每个主题又表示为知识网络上的概率分布。通过引入 word2vec 算法，将专家信息转化为向量表示的优点是专家、专家的文献甚至项目抽取词都有了统一的表示形式，便于机器统计学习和自动更新。

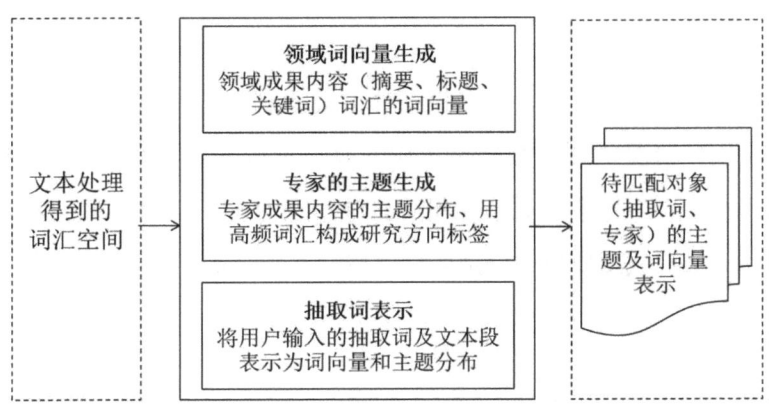

图 5-6　专家研究特征表示功能：主题与向量表示

5.1.4.3 领域词识别

领域词识别主要是实现某领域的关键词汇的识别功能。输入是文本处理阶段得到的整个词汇集合,以及词汇和文档的对应关系。输出是识别出的领域词汇及词间关系,如图 5-7 所示。

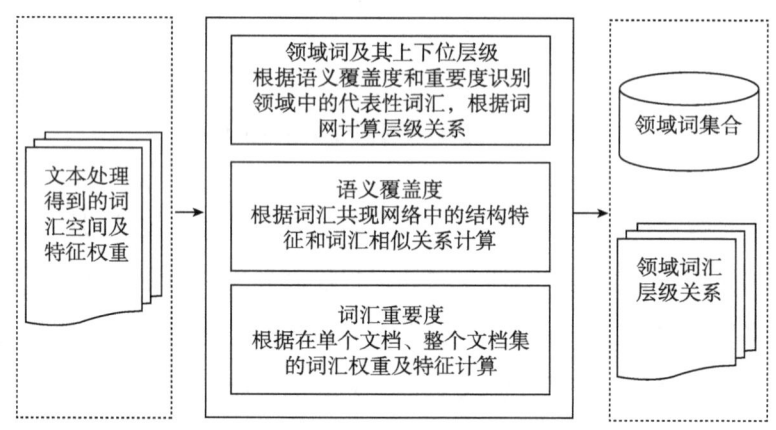

图 5-7 领域词识别功能

5.1.4.4 排序过滤

本部分为后台处理模块,主要根据抽取词找到初选专家列表,根据其引用关系、承担项目情况、成果数量等加权计算权威度,进一步筛选和调整排序,然后根据用户指定的专家过滤条件得到最终结果。输入过滤参数,从专家研究特征模块和专家权威度模块中分别生成数据文件进行输出。

5.2 功能实现

专家推荐模块包含新建分组、检索专家、联系专家、评价专家 4 个子功能。专家推荐流程系统界面如图 5-8 所示。

图 5-8　专家推荐流程系统界面

5.2.1 专家分组

评审过程中，不同的领域分组需要的专家也有差异。专家分组模块为评审过程提供分组创建功能。在分组基本信息编辑中，主要对分组名称、开始及结束日期、评审类型、专家人数、分组类型等进行填写。由于专家信息已经按照标签和分类进行自动标注，为专家分组提供了可靠的依据，如图5-9所示。

图5-9 专家分组系统界面

5.2.2 专家推荐

（1）专家基本信息展示

在专家基本信息展示中，仅显示专家姓氏，默认隐藏名字，同时展示专家的职称、所属机构、所属地区、学科、研究方向、承担项目数、评审项目数、学术影响力指数、产出数量及收藏状态，从而为专家回避和轮换提供了依据，如图5-10所示。

第五章　科研项目评审专家发现原型系统设计与示范应用

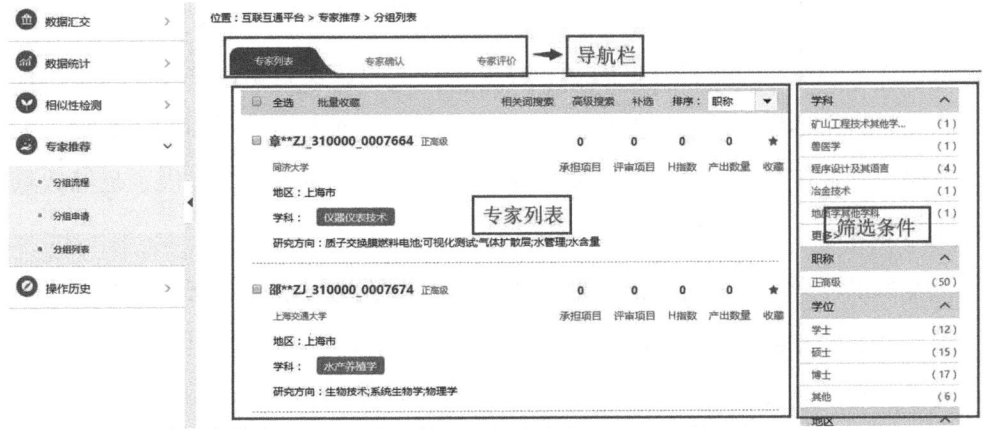

图 5-10　专家基本信息界面

（2）专家筛选条件

专家的筛选条件主要有：所在地域、研究领域、专家回避规则设置等，通过设置筛选条件，搜索出符合要求的专家，如图 5-11 所示。

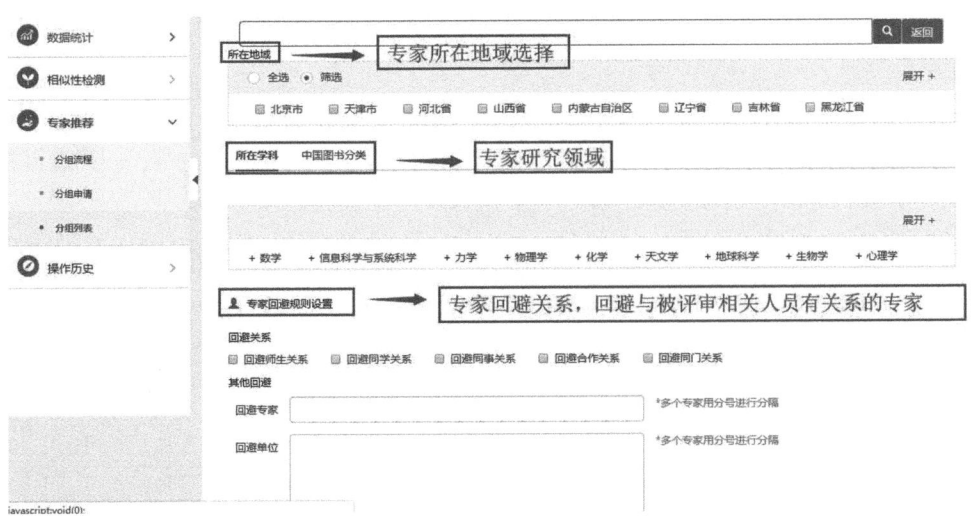

图 5-11　专家筛选条件和回避关系界面

该系统的主要特点是：①通过术语计算、词表映射的基础层计算，为专家专长识别提供了丰富、恰当的标签，可以为专家的分类、检索、推荐等不同应用提供语义基础；②综合多种因素为专家提供了权威度数据，可为专家排序提供基础，从而选择真懂比项的评审专家；③为领域词汇提供了相关主题词，为用户输入查询信息的语义扩展提供了基础，为开展轮换和回避提供了足够数量的候选专家。

专家推荐系统可为多种项目评审场景和具体应用需求提供支撑，查找或推荐符合要求的专家，为科研项目推荐更多业务水平高、能够负责任评审的专家，也有助于借助评审行为数据不断提高专家库信息的管理及利用效率。

5.3

服务模式：基于 SOA 架构和数据中台思想

5.3.1 专家服务业务流程重组

从信息系统建设方法看，不少专家库或专家推荐系统主要供特定行业领域、部门使用，难以共享和互通，存在一定程度的信息孤岛或重复建设现象，从而制约了专家库建设和应用效果。因此，需要对业务流程进行审视和设计，并采用新的信息化理念和技术进行顶层设计。

业务流程重组（Business Process Reengineering，BPR）是一种经典的管理思想。强调以业务流程为改造对象，以用户需求和满意度为目标，通过对现有的业务流程进行根本性的改造、优化或者重构，最大程度实现技术上的功能集成和管理上的职能集成，以打破传统的职能型组织结构，建立全新的过程型组织结构，从而实现成本、质量、服务和速度等方面的根本改善[1]。

大数据环境下，专家发现与推荐系统的业务流程也需要进行变革，才能适应当前智能化、标准化、便捷化的发展需求。专家发现系统可以基于业务流程

---

[1] GROVER V, JEONG S R, KETTINGER W J, et al. The implementation of business process reengineering [J]. Journal of management information systems, 1995, 12 (1): 109-144.

重组思想进行定义和设计，以满足跨地区、跨部门、跨领域用户的差异化知识需求，这对于专家发现系统设计具有重要的指导作用。业务流程应重点满足下列特性。

（1）面向跨机构用户服务

进行系统设计时，面向跨部门、跨领域、跨区域的用户需求，在梳理系统需求时充分考虑利用最新信息化手段，以便向用户提供场景化和个性化的服务，以达到最佳服务效果。

（2）保障核心需求

专家服务系统架构必须完整，以支撑用户核心业务需求，特别是各类用户的科研项目评审、成果评价、人才评价等业务需求。

（3）可扩展性

能够适应未来业务变化和调整的需要，可根据需求随时扩展功能。

（4）经济性

应充分考虑服务系统信息化建设项目在未来的发展要求，以保护投资和系统平稳过渡或集成，实现平滑过渡。

（5）实用性

系统的建设要面向未来，技术必须具有先进性和前瞻性，但同时也要坚持实用的原则。在满足系统高性能的前提下，坚持选用符合标准的、先进成熟的技术路线和开发平台。此外，系统的灵活性、安全性、经济性也是需要考虑的重要内容。从某种意义上说，专家发现系统建设具有工程化、标准化特点，其稳定性、可靠性应该优先考虑；相对于技术的创新性，优先选择较为经典的算法或者技术往往更适合用户实际需求。

此外，专家发现系统不仅是综合性的技术，而且需要高超的管理水平。通过管理与技术的双重手段，达到专家信息资源共享、应用软件重用、可管理可维护等目的。

5.3.2 业务架构优化

根据 BPR 理论,业务流程优化是系统架构设计的依据和目标。本节引入业务流程重组思想,试图重构以用户需求特别是科研管理机构需求为主的专家推荐服务新模式,提出了基于 SOA 架构的专家发现系统的设计方案,通过运用数据中台技术提高专家信息资源的汇聚能力,进而采用以 API 接口服务为核心的 SOA 架构,实现对用户的个性化服务,最终推动形成以业务需求为导向、以个性化信息服务为核心的 7×24 小时服务的"互联网+专家服务"的新模式。

专家发现服务实质是一种 Web 服务,数据存储在服务器,通过网络向应用程序提供快捷有效的信息服务。系统业务总体上分成对外和对内两个部分。对外部分主要对外网用户提供检索、浏览、信息征集等服务;对内部分主要提供内部管理人员使用的查询、管理、审核等功能,并且提供用户资源维护和外部用户信息审核等功能。

整个系统的业务流程包括专家信息导入、数据建模、分类标引、数据发布和用户反馈。本部分基于 BPR 思想,设计了专家发现服务的总体业务流程,如图 5-12 所示。

面向服务的体系架构(Service Oriented Architecture,SOA)是一个组件模型,将应用程序的不同功能单元(称为服务)进行拆分,并通过这些服务之间的接口和协议联系起来。SOA 的服务模块具有松散耦合性,同时又有高度内聚的特性,通过服务模块设计满足差异化的业务需要,使软件系统具有很强的互操作性、重用性和灵活性。科研项目评审专家发现系统需要较高的灵活性和可扩展性,采用以服务为核心的 SOA 架构作为系统整体架构是可行路线,能够较好地实现多源、异构系统之间的互联互通与集成服务。因此,SOA 架构和科研项目评审专家发现是较为适配的总体架构。

通过 SOA 架构平台的发布功能,可以将专家资源以多种方式对外展示和推

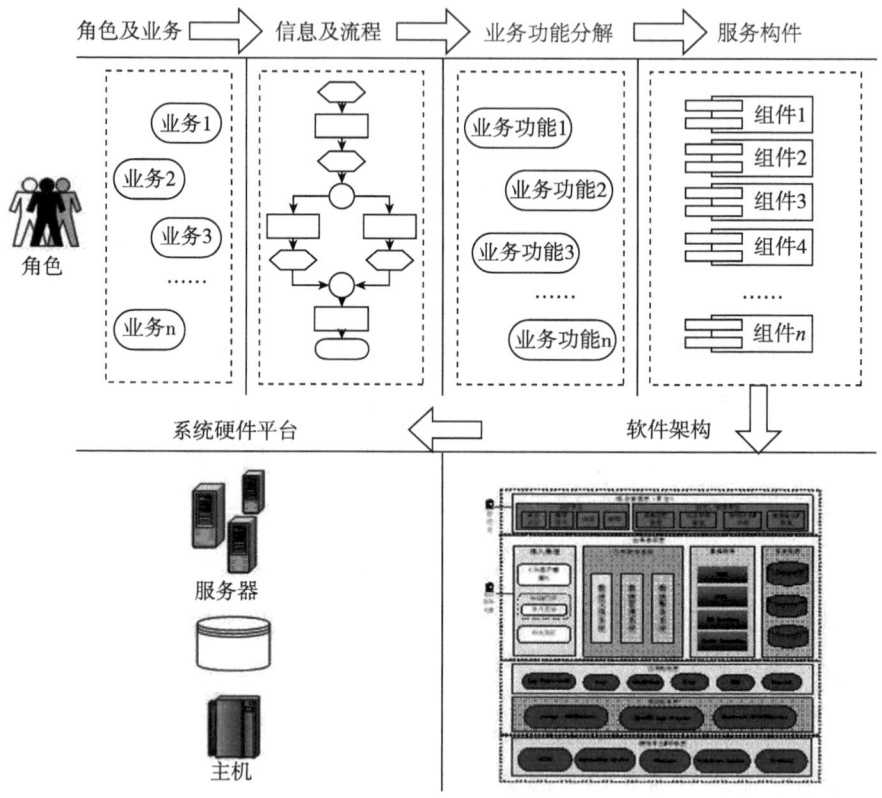

图 5-12 专家发现系统架构设计

荐,供科技管理部门使用。后台流程中需要用户能够对发布的内容进行选择,包括发布数据的版本控制和访问权限管理等。发布后的数据通过前台进行浏览访问和查询。

5.3.3 基于数据中台的专家信息汇聚与数据质量管控

专家信息涉及众多属性特征,所需要的数据资源规模庞大、类型众多,如何高效存储管理数据并保证数据质量成为关键。本书提出采用数据中台技术,来解决数据开发和应用开发之间的开发速度不同步、数据不一致等问题。

数据中台是近年来实现大数据管理的重要技术，用于对海量数据进行采集、计算、存储、加工和服务，形成大数据资产，为用户提供高效服务。Data API 是数据中台的核心，它是连接前台和后台的桥梁，通过 API 的方式提供专家数据服务，避免把专家数据库直接暴露给前台或互联网用户，从而提高了数据的安全性和用户隐私保护能力（图 5-13）。

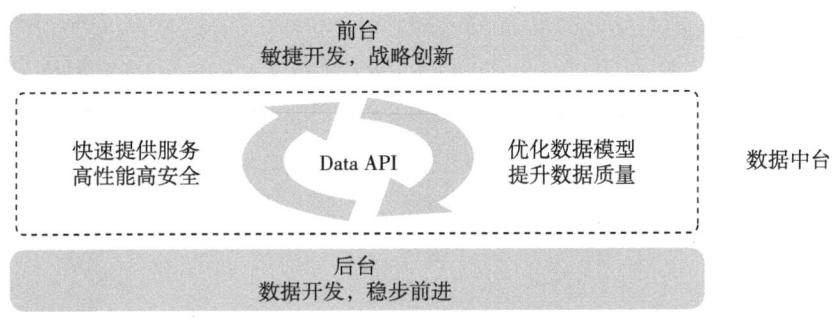

图 5-13　数据中台服务方式

数据中台的基本构成包括以下几个方面。

① 数据仓库：用来存储结构化数据或者非结构化数据，通过 ETL 或者主题爬虫等技术，快速汇聚并存放各类人员的数据资源。

② 大数据中间件：包含大数据计算服务、大数据研发套件、数据分析及展现工具。通过大数据中间件，实现对数据资源的挖掘、聚类、抽取和可视化分析等服务。

③ 数据资产管理：将各类数据作为"资产"，统一著录，实行清单式管理，对数据的逻辑性等进行监测，提升数据质量。

采用 SOA 架构和"数据中台"的双模式设计，通过 API 接口提供松耦合服务，有助于打破现有不同系统之间的隔阂，较好地解决跨系统专家推荐服务问题，形成"互联网+专家推荐服务"的新模式。数据中台作为新型的信息系统建设方法与总体架构，在人员信息质量治理中的作用日益凸显，能够一站式汇聚数据，并大大提高专家数据关联与更新能力，从而为专家发现提供强大的数据治理能力，为开展跨地区、跨部门、跨系统的项目评审服务奠定基础。

第六章 总结与展望

本书以专家信息与知识组织工具的语义化关联为研究切入点,在知识组织理论指导下研究科研项目评审专家发现的框架、方法和辅助技术,面向科研项目评审实际场景实现专家信息的语义关联、自动发现和动态更新,在理论、方法和应用上努力创新,并凝练出未来学术研究新的增长点。

6.1 主要进展

本书重点从知识组织的角度对专家发现的理论、方法和技术进行了较为深入的研究,取得了一些研究成果。

① 构建了面向专家发现的知识组织方法,提供了可量化计算、可理性解释的知识基础。基于知识组织语义优势,建立专家描述框架与用户自然标注知识体系的语义关联,将专家信息与知识组织体系进行关联、聚类和推理,构建具有多维语义关联的关系网络,将传统上以文献为主的知识组织延伸到以专家实例为对象的知识表示与发现,扩大了知识组织工具的适应性和开放性,形成了应用驱动的知识组织新方式,促进我国知识组织理论与方法研究。

② 探索了知识驱动的专家发现方法,形成具有更高精度和自动化水平的专家发现技术路线。本书对专家研究专长、学术影响力、学术关系网络等进行动态发现、实时监测和自动推荐,研究并验证了 TF-IDF 算法、LDA 主题模型等机器学习方法在专家发现中的实际效果,为专家信息库建设、科研项目管理、专家推荐等奠定良好基础,相关软件成果已通过第三方专业机构的测试,应用于国家某科技管理信息系统的专家信息库建设,有效提高了科研项目评审效率。

③ 社会影响和效益。本书所设计构建的专家库已成为国内规模较大的科技基础信息资源,受到了科技管理部门和学术机构的关注。目前,该库已收录约

20万条领域专业术语、1.2万名专家的相关信息，构建了共现关系网络，实现了人员—术语的初步聚类和叙词表语义映射，具有知识内容准确、格式描述规范、人机两用等优势，可以提供专家推荐等服务，产生了积极的社会影响。依据本书所提出的技术方案开发的科研项目评审专家发现系统，通过了中国航天中认公司组织的第三方专业机构独立检测，实现了网上在线专家抽取服务，在广东、济南等省市的科研项目评审中得到较好的应用，科技主管部门和科技工作者对其给予了较高评价，社会效益较为显著，应用前景较为广阔。

本书主要创新点有以下几个方面。

理论创新。以知识组织理论为基础，在大规模文献数据的支撑下，采用知识组织理论对专家专长、影响力、潜在合作关系等进行描述和动态跟踪，将专家信息映射到语义关系网络，构建概念、人员之间的关联机制，进而实现了专家信息的自动发现、组织和更新，实现了知识组织工具规范性和专家实例开放性的有机统一，推动了知识组织理论创新，提供了一种具有科学意义的专家发现模式。

方法创新。基于语义关系约束，对专家群体的同行关系、研究专长、潜在合作机会或回避关系等进行动态揭示和发现，形成数据驱动的专家信息发现和动态更新机制，探索出了我国科研项目评审专家信息库建设的新方式。

应用创新。本书采集了肿瘤领域的文献、术语、专家等信息近20万条，开发了相关的实验系统，开展了初步示范应用，较好地解决了传统专家发现的不足，为科技管理和科技创新提供了数据驱动。

6.2 未来展望

研究中发现，专家研究方向、学术影响力、合作关系网络等时常处于动态变化之中，具有显著的时变特征，通过术语自动聚类、NIF指数计算、数据中台技术等可在一定程度上提高同行专家动态抽取的准确性和时效性，今后还可以重点从时间序列分析模型角度对专家的动态信息进行更精确的表征，以提高专家信息的时效性。

本书尝试使用了论文、项目、专利等数据资源，通过大数据挖掘方法进行识别，总体是可行的。同时，专家影响力的评价和专家发现的方法因学科不同存在差异，少数工程技术类、管理类的专家正式发表的文献型学术成果相对较少，目前主要通过专家的资质信息、个人简历、人才称号等进行抽取和判定，今后也可以探索通过网络信息、信用数据、灰色文献等各种"非常规、可替代的（Alternative）"的信息源进行深入挖掘判断，以增强专家抽取服务的可靠性。这也是下一阶段需要继续研究的新课题。此外，专家在评审过程中的信用风险预警、评审行为反馈等也值得深入研究，为新形势下开展"负责任评审"提供新的方法。

附录
科技专家数据描述规范

　　科技专家数据描述规范（简称"规范"）包括人员基本信息、工作履历信息、教育信息、学术兼职信息和学术评审信息。规范定义了科技专家信息的数据元，制定了科技专家数据代码体系，用于指导科技专家数据的汇集与管理，以促进科技专家数据的共建共享。

　　规范对科技专家信息进行了说明，明确了应遵循的共性数据范围和数据结构。规范主要用于科技专家信息的描述、保存和管理，可为相关科技管理信息系统建设提供借鉴。

1 规范性引用文件

下列文件是本规范的重要组成部分。相关数据元的值域应按照如下引用文件填写（附表1）。

附表1 规范性引用文件

国家标准代号	文件名称
GB/T 2260—2007	中华人民共和国行政区划代码
GB 11714—1997	全国组织机构代码编制规则
GB 32100—2015	法人和其他组织统一社会信用代码编码规则
GB/T 13745—2009	学科分类与代码
GB/T 13745—2009/XG 1—2012	《学科分类与代码》国家标准第1号修改单
GB/T 13745—2009/XG 2—2016	《学科分类与代码》国家标准第2号修改单
GB/T 4754—2017	国民经济行业分类
GB/T 3304—1991	中国各民族名称罗马字母拼写法和代码
GB/T 12407—2008	职务级别代码
GB/T 8561—2001	专业技术职务代码
GB/T 4762—1984	政治面貌代码
GB/T 2659—2000	世界各国和地区名称代码

续表

国家标准代号	文件名称
GB/T 18391.3—2001	信息技术 数据元的规范与标准化 第 3 部分：数据元的基本属性
GB/T 18391.4—2009	信息技术 元数据注册系统（MDR）第 4 部分：数据定义的形成
GB/T 15191—2010	贸易数据交换 贸易数据元目录 数据元
GB/T 19488.1—2004	电子政务数据元第 1 部分：设计和管理规范
—	中国图书资料分类法（第四版）
—	专业技术类公务员管理规定（试行）
—	行政执法类公务员管理规定（试行）
GB/T 2261.1—2003	个人基本信息分类与代码第 1 部分：人的性别代码
JB/DM–BZKZY—2006	高等学校本、专科专业代码
GB/T 6864—2003	中华人民共和国学位代码
GB/T 4658—2006	学历代码
GA/T 517—2004	常用证件代码
GB/T 35397—2017	科技人才元数据元素集

2 术语和定义

（1）概念 concept

通过对特征的独特组合而形成的知识单元。

［GB/T 18391.4—2009，术语和定义 3.2］

（2）属性 attribute

某个对象或实体的一种特性。

［GB/T 18391.3—2001，定义 3.1］

（3）数据 data

事实、概念或指令的一种形式化的表示形式，以适合于人工或自动方式进行通信、解释或处理。

［GB/T 15191—2010，术语和定义 3.7］

（4）数据元 data element

用一组属性描述其定义、标识、表示和允许值的一个数据单元。

［GB/T 18391.3—2009，定义 3.3］

（5）数据元标记 data element tag

数据元目录中数据元的唯一标识。

［GB/T 15191—2010，术语和定义 3.9］

（6）数据元字典 data element dictionary

列出并定义了全部相关数据元的一种信息资源。

[GB/T 18391.3—2001，定义3.5]

（7）数据元值 data element value

数据元允许值集合中的一个值。

[GB/T 18391.3—2001，定义3.6]

（8）数据元值的长度 data element value length

数据元值中字符的数目。

[GB/T 15191—2010，术语和定义3.11]

（9）名称 name

用语言表述的一个对象的指称。

[GB/T 18391.4—2009，术语和定义3.11]

3 数据分类

规范对科技专家信息进行了约定，主要包括 5 种类型。

① 科技专家基本信息，包括人员姓名、单位名称、研究方向、职称、人才称号等。

② 科技专家工作履历信息，包括科技专家曾经工作过的单位名称、研究方向、职务等。

③ 科技专家教育信息，包括科技专家获得的学历、学位及培训进修的院校、专业等。

④ 科技专家社会/学术兼职信息，包括科技专家的兼职单位、职务等信息。

⑤ 科技专家学术评审信息。

4 数据元字典

数据元字典如附表 2 至附表 6 所示。

附表 2　科技专家基本信息

数据元标记	中文名称	英文名称	必备性	数据类型	长度限制（字符）	定义	示例
2101	本地唯一标识	Person-id	必填	字符型	20	科技专家在当地系统的唯一标识	
2102	姓名	Name	必填	字符型	50		
2103	曾用名	Former-name	有则必备	字符型	50		
2104	性别	Gender	必填	字符型	10		男
2105	出生日期	Birthdate	必填	字符型	8		19590105
2106	出生地	Birthplace	有则必备	字符型	20		吉林省吉林市
2107	国籍	Nationality	有则必备	字符型	30		美国

续表

数据元标记	中文名称	英文名称	必备性	数据类型	长度限制（字符）	定义	示例
2108	籍贯	Native-place	有则必备	字符型	20		吉林省吉林市
2109	民族	Ethnic-group	有则必备	字符型	20		回族
2110	工作单位名称	Organization-name	必填	字符型	400	当前任职机构名称	中国科学院地理科学与资源研究所
2111	单位统一社会信用代码	Organization-uscc	有则必备	字符型	18	当前工作单位的统一社会信用代码	12340123MLK7890432
2112	单位组织机构代码	Organization-code	有则必备	字符型	9	当前工作单位的组织机构代码	12345678X
2113	单位性质	Organization-property	有则必备	字符型	10		科研院所
2114	单位所在省	Organization-province	有则必备	字符型	20	单位所在的省份	山东省；北京市
2115	单位所在市	Organization-city	有则必备	字符型	20	单位所在的地级市	济南市；海淀区
2116	通信地址	Address	有则必备	字符型	400		北京市海淀区复兴路18号
2117	邮政编码	Postcode	有则必备	字符型	6		100038

续表

数据元标记	中文名称	英文名称	必备性	数据类型	长度限制（字符）	定义	示例
2118	职务	Position-title	有则必备	字符型	200	科技专家在当前任职机构担任的行政或学术职务	总经理；总工程师；博士生导师
2119	职务级别	Position-level	有则必备	字符型	30		县处级副职
2120	专业技术职称	Professional-title	有则必备	字符型	30	当前的职称名称	副教授
2121	工作性质	Research-type	有则必备	字符型	10		研究
2122	最高学历	Education	有则必备	字符型	10		研究生
2123	最高学位	Degree	有则必备	字符型	10		博士
2124	移动电话	Mobile-telephone	必填	字符型	50		13800123045
2125	办公电话	Office-telephone	必填	字符型	50		(021)52467921-111
2126	家庭电话	Home-telephone	有则必备	字符型	50		
2127	传真	Fax	有则必备	字符型	50		
2128	电子邮箱	Email	有则必备	字符型	50		
2129	个人学术网址	Person-urls	有则必备	字符型	200		

续表

数据元标记	中文名称	英文名称	必备性	数据类型	长度限制（字符）	定义	示例
2130	证件类型	Id-type	必填	字符型	10		身份证、护照等
2131	证件号码	Id-number	必填	字符型	50		
2132	开户行名称	Bank-name	有则必备	字符型	50	开户银行及支行名称	中国工商银行北京分行望京支行
2133	开户行账号	Bank-account	有则必备	字符型	50		
2134	紧急联系人	Emergency-contact	有则必备	字符型	30		
2135	紧急联系人电话	Emergency-number	有则必备	字符型	50		13800123045；（021）52467921-111
2136	中图分类号	Cdc	有则必备	字符型	100		S715；S716
2137	学科分类代码	Discipline	有则必备	字符型	100		2201030；2201010
2138	行业分类代码	Industry	有则必备	字符型	100		011；021
2139	其他分类代码	Other-code	有则必备	字符型	100		
2140	研究领域	Research-field	有则必备	字符型	100		能源；资源

续表

数据元标记	中文名称	英文名称	必备性	数据类型	长度限制（字符）	定义	示例
2141	研究方向关键词	Research-direction-keywords	必填	字符型	100		人力资源管理；项目管理；财务管理
2142	照片路径	Photo-url	有则必备	字符型	200		
2143	个人简介	Introduce	有则必备	字符型	3000		
2144	政治面貌	Political-status	有则必备	字符型	50		民盟盟员
2145	人才称号	Honor	有则必备	字符型	500	获得的国家级或省部级人才称号	863首席专家；国家自然科学基金重大项目首席专家
2146	职业资质	Vocational-qualifications	有则必备	字符型	500	从事某种行业技术性工作的学识、技术和能力的证书名称	注册会计师；执业医师
2147	人员当前状态	Research-status	有则必备	字符型	100	科技专家在职、离职、退休、已故等情况	已故 20180701

附表3 科技专家工作履历信息

数据元标记	中文名称	英文名称	必备性	数据类型	长度限制（字符）	定义	示例
2201	国家	Country	有则必备	字符型	30	科技专家任职机构所在的国家	美国
2202	工作单位名称	Organization-name	有则必备	字符型	400	科技专家的任职机构	中国石油化工股份有限公司深圳石油分公司
2203	单位统一社会信用代码	Organization-uscc	有则必备	字符型	18	工作单位的统一社会信用代码	12340123MLK7890432
2204	单位组织机构代码	Organization-code	有则必备	字符型	9	工作单位的组织机构代码	12345678X
2205	职务	Position-title	有则必备	字符型	200	科技专家在任职机构担任的职务名称	总经理；总工程师
2206	职务级别	Position-level	有则必备	字符型	30		县处级正职
2207	职称	Professional-title	有则必备	字符型	30	职称名称	副教授
2208	起始时间	Start-time	有则必备	字符型	8	入职时间	20120901
2209	结束时间	End-time	有则必备	字符型	8	离职时间	

续表

数据元标记	中文名称	英文名称	必备性	数据类型	长度限制（字符）	定义	示例
2210	研究方向关键词	Research-direction-keywords	有则必备	字符型	100		人力资源管理；项目管理；财务管理
2211	工作内容	Research-content	有则必备	字符型	500	工作岗位职责	
2212	工作性质	Research-type	有则必备	字符型	10		研究

附表4 科技专家教育信息

数据元标记	中文名称	英文名称	必备性	数据类型	长度限制（字符）	定义	示例
2301	国家	Country	有则必备	字符型	30	科技专家学习院校所在的国家	美国
2302	院校名称	School-name	有则必备	字符型	400	学习院校名称	中国科学院地理科学与资源研究所
2303	院校统一社会信用代码	University-uscc	有则必备	字符型	18	院校的统一社会信用代码	12340123MLK7890432
2304	院校组织机构代码	Organization-code	有则必备	字符型	9	院校的组织机构代码	12345678X
2305	专业	Major	有则必备	字符型	20		采矿工程

续表

数据元标记	中文名称	英文名称	必备性	数据类型	长度限制（字符）	定义	示例
2306	学历	Education	有则必备	字符型	10		研究生
2307	学位	Degree	有则必备	字符型	10		博士
2308	培训进修	Training	有则必备	字符型	20		访问
2309	起始时间	Start-time	有则必备	字符型	8	学习起始时间	20120901
2310	结束时间	End-time	有则必备	字符型	8	学习结束时间	
2311	指导教师	Supervisor	有则必备	字符型	50		

附表5 科技专家社会/学术兼职信息

数据元标记	中文名称	英文名称	必备性	数据类型	长度限制（字符）	定义	示例
2401	兼职单位名称	Part-time-organization-name	有则必备	字符型	400		天津市物理学会
2402	职务	Position-title	有则必备	字符型	200	科技专家在兼职机构担任的职务名称	副会长；秘书长
2403	起始时间	Start-time	有则必备	字符型	8	兼职起始时间	20120901

续表

数据元标记	中文名称	英文名称	必备性	数据类型	长度限制（字符）	定义	示例
2404	结束时间	End-time	有则必备	字符型	8	兼职结束时间	
2405	届次	Session	有则必备	字符型	10		

附表6 科技专家学术评审信息

数据元标记	中文名称	英文名称	必备性	数据类型	长度限制（字符）	定义	示例
2501	评审内容	Review-content	有则必备	字符型	500	评审过的项目名称	
2502	起始时间	Start-time	有则必备	字符型	8	评审起始时间	20120901
2503	结束时间	End-time	有则必备	字符型	8	评审结束时间	
2504	评审委托机构	Consignor	有则必备	字符型	400		

附录 科技专家数据描述规范

5

数据元描述

（1）数据元的表示规范

本规范中数据元目录的编制遵循 GB/T 19488.1—2004 中的规定。本部分列出了科研人员数据元的共有属性，包括数据元标记、中文名称、英文名称、定义、必备性、数据类型、长度限制、值域、示例、注释（附表7）。

附表7 科研人员数据元属性

属性	是否采用
数据元标记	是
中文名称	是
英文名称	是
定义	是
必备性	是
数据类型	是
长度限制	是
值域	是
示例	是
注释	是

(2) 数据元标记

数据元标记是数据元目录中数据元的唯一标识,采用 4 位数字形式,如附图 1 所示。

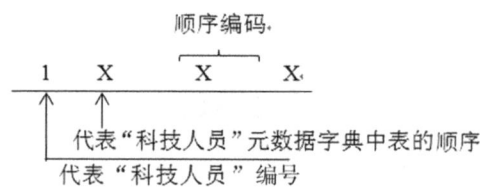

附图 1　数据元标记规范

参考文献

[1] AIMS. AGROVOC multilingual agricultural thesaurus [EB/OL]. [2018-01-23]. http://aims.fao.or-g/vest-registry/vocabularies/agrovocmultilingual-agriculturalthesaurus.

[2] AIZAWA A. An information-theoretic perspective of TF-IDF measures [J]. Information processing & management, 2003, 39 (1): 45-65.

[3] ALON FRIEDMAN, RICHARD P. Nodes and arcs: concept map, semiotics, and knowledge organization [J]. The journal of documentation, 2013, 69 (1): 27-48.

[4] BlEI D, NG A, JORDAN M. Latent dirichlet allocation [J]. Journal of machine research, 2003, 3 (1): 993-1022.

[5] CHEN S Y, CHANG C N, NIEN Y H, et al. Concept extraction and clustering for search result organization and virtual community construction [J]. Computer science and information systems, 2012, 9 (1): 323-355.

[6] CRRITINA PATTUELLI, SARA RUBINOW. The knowledge organization of DBpedia: a case study [J]. The journal of documentation, 2013, 69 (6): 762-772.

[7] DE CAMPOS L M, FERNANDEZ-LUNA J M, HUETE J F, et al. Automatic indexing from a thesaurus using Bayesian networks: application to the classification of parliamentary initiatives [C] //European Conference on Symbolic and Quantitative Approaches to Reasoning and Uncertainty. Berlin Heidelberg: Springer, 2007: 865-877.

[8] GAUCH S, SPERETTA M. User profiles for personalized information access [C]. Berlin Heidelberg: Springer, 2007: 54-89.

[9] GEORGE E A M. What are scientific leaders? The introduction of a normalized impact factor [J]. Brazilian journal of physics, 2012, 42 (5-6): 319-322.

[10] GIUNCHIGLIA F, DUTTA B, MALTESE V. From knowledge organization to knowledge representation [J]. Ko Knowledge Organization, 2014, 41 (1): 44-56.

[11] GREGORY D W, PETER K J, TATIANA O S. Hot topics and popular papers in evolutionary psychology: analyses of title words and citation counts in evolution and human behavior, 1979-2008 [J]. Evolutionary psychology, 2009, 7 (3): 348-362.

[12] HAGEN N T. Harmonic allocation of authorship credit: source-level correction of bibliometric bias assures accurate publication and citation analysis [J]. PLoS ONE, 2008, 3 (12): 1-7.

[13] HLIT: high-level thesaurus project proposal [EB/OL]. [2018-01-23]. http: //hilt. cdlr. strath. ac. u-k/abouthilt/proposal. html.

[14] HOU H, KRETSCHMER H, LIU Z. The structure of scientific collaboration networks in scientometrics [J]. Scientometrics, 2008, 75 (2): 189-202.

[15] IBEKWE-SANJUAN F, SANJUAN E. Mining textual data through term variant clustering: the TermWatch system [C] // Recherche d'Information et ses Applications Avignon France. France: [s. n], 2004: 487-503.

[16] IK analyzer [EB/OL]. [2019-05-19]. https://www.oschina.net/p/ikanalyzer.

[17] JIANHAN ZHU, DAWEI SONG, STEFAN RUEGER. Integrating multiple windows and document features for expert finding [J]. Journal of the American society for information science and technology, 2009, 60 (4): 694-715.

[18] JUDIT B. Which h-index? A comparison of WoS, scopus and google scholar [J]. Scientometrics, 2008, 74 (2): 257-271.

[19] KATJA HOFMANN, KRISZTIAN BALOG, TONIE BOGERS, et al. Contextual factors for finding similar experts [J]. Journal of the American society for information science and technology, 2010, 61 (5): 994-1014.

[20] LUTZ B. Scientific peer review [J]. Annual review of information science & technology, 2011, 45 (1): 197-245.

[21] MAREK K. Successful papers: a new idea in evaluation of scientific outpour [J]. Journal of informetrics, 2011, 5 (3): 481-485.

[22] MEDELYAN O, WITTEN I H. Thesaurus based automatic keyphrase indexing [C] //Proceedings of the 6th ACM/IEEE-CS joint conference on Digital libraries. New York: ACM Press, 2006: 296-297.

[23] National Institude of Standards and Technology (NIST). Text retrieval conference [EB/OL]. [2016-02-15]. http://trec.nist.gov/.

[24] OTTE E, ROUSSEAU R. Social network analysis: a powerful strategy, also for the information sciences [J]. Journal of information science, 2002, 28 (6): 441-453.

[25] PARVIZ O, MOSTAFA V, BAHRAM G, et al. Normalized impact factor (NIF): an adjusted method for calculating the citation rate of biomedical journals [J]. Journal of biomedical informatics, 2011, 44 (2): 216-220.

[26] PATTERSON J, DOUGALL S, MOODY N. Systems and methods for manipulating user annotations in electronic books: United States patent,

8520025 [P]. 2013-08-27.

[27] PHILIP S, SHOLA P B, OVYE A. Application of content-based approach in research paper recommendation system for a digital library [J]. International journal of advanced computer science & applications, 2014, 5 (10): 37-40.

[28] QUINTANA R M, HALEY S R. The persona party: using per-sonas to design for learning at scale [J]. Chi conference ex-tended, 2017: 933-941.

[29] RONALD R, VENUSSTRAAT, ANTWERP B, et al. A discussion of some recently introduced indicators for research evaluation [J]. Documentation information & knowledge, 2013 (5): 4-14.

[30] SAASON, RAVID, NAVA, et al. Improving similarity measures of relatedness proximity: toward augmented concept maps [J]. Journal of informetrics, 2015, 9 (3): 618-628.

[31] SAMOYLOV A B. Evaluation of the delta TF-IDF features for sentiment analysis [C] //Analysis of Images, Social Networks and Texts Conference. Springer International Publishing Switzerland, Cham, 2014, 436: 207-212.

[32] SANJUAN E. Term watch II: Unsupervised terminology graph extraction and decomposition [C] // International Joint Conference on Knowledge Discovery, Knowledge Engineering, and Knowledge Management. Berlin Heidelberg: Springer-Verlag, 2013, 348: 185-199.

[33] SILVANA D M, MARIA A M. Knowledge graph and 'Semantization' in cyberspace: a study of contemporary indexes [J]. Knowledge organization, 2014, 41 (6): 429-439.

[34] STEYVERS M, SMYTH P, ROSEN M, et al. Probabilistic-author-topic models for information discovery [C] // Proceedings of the Tenth ACM SIGKDD International Conference on Knowledge Discovery and Data Mining, Seattle, Washington, U. S. A. Seattle, WA. USA: ACM, 2004: 306-315.

[35] U. S. National Library of Medicine. Unified medical language system（UMLS）[EB/OL]. [2018-01-23]. https：//www.nlm.nih.gov/research/umls/.

[36] WALLACE M L, GINGRAS Y, DUHON R. A new approach for detecting scientific specialties from raw co-citation networks [J]. Journal of the American society for information science and technology, 2009, 60 (2): 240-246.

[37] XU Z, LUO X F. Mining temporal explicit and implicit semantic relations between entities using web search engines [J]. Future generation computer systems, 2014, 37: 468-477.

[38] ZARRO M A, ALLEN R B. User-contributed annotations for libraries and cultural institutions [EB/OL]. [2017-06-26]. http：//mikezarro.com/docs/Zarro-LRS-V-Poster.pdf.

[39] 白华. 用户标注的词语网络与语义描述 [J]. 图书情报工作, 2010, 54 (2): 70-73.

[40] 毕强, 韩毅. 语义网格环境下基于元数据本体的数字图书馆互操作研究 [J]. 图书情报工作, 2009, 53 (15): 17-20, 82.

[41] 曹丽珠, 宋培彦. 基于叙词表的关键词共现网络优化 [J]. 医学信息学杂志, 2018, 39 (5): 65-71.

[42] 曹树金, 周小又, 陈桂鸿. 网络舆情监控系统中的主题帖自动标引及情感倾向分析研究 [J]. 图书情报知识, 2012 (1): 66-73.

[43] 曹霞, 崔雷. 基于SNA的国外医学信息学领域合著网络研究 [J]. 现代情报, 2016, 36 (3): 129-134.

[44] 常春, 曾建勋, 吴雯娜, 等.《汉语主题词表》与英文超级科技词表概念映射构架设计 [J]. 数字图书馆论坛, 2012 (12): 28-32.

[45] 常唯. 论网络环境下用户标注的价值与应用 [J]. 图书情报工作, 2008, 52 (1): 9-12.

[46] 陈白雪, 宋培彦. 基于用户自然标注的TF-IDF辅助标引算法及实证研究

[J]．图书情报工作，2018，62（1）：132-139．

[47] 陈翀，李楠，梁冰，等．基于成果特征的学者学术专长识别方法［J］．图书情报工作，2019，63（20）：96-103．

[48] 崔家旺，李春旺．基于关联数据的类簇语义揭示模型研究［J］．数据分析与知识发现，2017（4）：57-66．

[49] 邓少伟，罗泽，李树仁，等．基于论文共同作者学术关系的学者推荐系统［J］．计算机工程，2013，39（2）：12-17．

[50] 丁文姚，韩毅．基于 FOAF 的 UGC 用户信息组织研究［J］．情报理论与实践，2019，42（8）：124-130．

[51] 杜红亮，赵志耘．中国海外高层次科技人才政策研究［M］．北京：中国人民大学出版社，2015．

[52] 杜晖，邱均平．领域专家库系统构建研究［J］．情报学报，2014，33（10）：1022-1031．

[53] 高晓培，武夷山，李伟钢．巴西人才库 Lattes 平台在优化科研和教育管理中的作用及其借鉴意义［J］．全球科技经济瞭望，2014，29（7）：32-42．

[54] 关鹏，王曰芬，傅柱．不同语料下基于 LDA 主题模型的科学文献主题抽取效果分析［J］．图书情报工作，2016，60（2）：112-121．

[55] 国务院关于改进加强中央财政科研资金管理的若干意见（国发〔2014〕11 号）［EB/OL］．［2019-07-19］．http：//www.gov.cn/zhengce/content/2014-03/12/content_8711.htm．

[56] 侯汉清．建立以《中国分类主题词表》为核心的检索语言兼容体系［J］．北京图书馆馆刊，1998，（4）：35-39，90．

[57] 胡滨，吴雯娜．国内外知识组织系统互操作模式及方法研究［J］．情报科学，2012，30（9）：1291-1297．

[58] 胡勇军，江嘉欣，常会友．基于 LDA 高频词扩展的中文短文本分类［J］．

现代图书情报技术，2013（6）：42-48.

[59] 贾君枝．基于 ISO 25964 的词表互操作实现探析［J］．数字图书馆论坛，2016，12（12）：9-14.

[60] 贾君枝，石燕青．中文名称规范文档与虚拟国际规范文档的共享问题研究［J］．中国图书馆学报，2014，40（6）：83-92.

[61] 李昌亚，刘方方．基于 LDA 的社科文献主题建模方法［J］．计算机技术与发展，2018，28（2）：182-187.

[62] 李枫林，张景．基于用户标注行为的相关性分析及重排序［J］．情报理论与实践，2010，33（10）：57-61.

[63] 李纲，戴强斌．基于词汇链的关键词自动标引方法［J］．图书情报知识，2011（3）：67-71.

[64] 李玉媛，熊回香，杨梦婷，等．基于社会网络分析与 LDA 的虚拟学术社区中用户群体主题挖掘研究［J］．情报科学，2021，39（11）：110-116，132.

[65] 刘非凡，李长玲，魏绪秋．基于 2-模网络和 G-N 社群聚类算法的潜在合作者研究：以国内图情领域的社会网络分析研究为例［J］．情报理论与实践，2014，37（6）：117-122.

[66] 刘晋元，张贵红，王茜．上海"全球高层次科技专家信息平台"建设与服务探讨［J］．中国科技资源导刊，2019，51（2）：99-102，110.

[67] 刘勘，周丽红，陈谖．基于关键词的科技文献聚类研究［J］．图书情报工作，2012，56（4）：6-11.

[68] 刘萍，郭月培，郭怡婷．利用作者关键词网络探测作者相似性［J］．现代图书情报技术，2013，29（12）：62-69.

[69] 刘萍，黄纯万．基于 SimRank 的作者相似度计算［J］．情报理论与实践，2015，38（6）：109-114.

[70] 刘则渊，陈悦，侯海燕．科学知识图谱：方法与应用［M］．北京：人民

出版社，2008.

[71] 刘志辉，郑彦宁．基于作者关键词耦合分析的研究专业识别方法研究[J]．情报学报，2013，32（8）：788-796.

[72] 路永和，李焰锋．改进 TF-IDF 算法的文本特征项权值计算方法[J]．图书情报工作，2013，57（3）：90-95.

[73] 马费成，张斌．图书标注环境下用户的认知特征[J]．中国图书馆学报，2014，40（1）：4-14.

[74] 马雨萌，祝忠明．数字对象语义关联组织的典型模型研究[J]．现代图书情报技术，2013（1）：1-7.

[75] 马张华．信息组织[M]．3 版．北京：清华大学出版社，2008.

[76] 邱均平，缪雯婷．H 指数在人才评价中的应用——以图书情报学领域中国学者为例[J]．科学观察，2007，2（3）：17-22.

[77] 邱均平，王菲菲．基于 SNA 的国内竞争情报领域作者合作关系研究[J]．图书馆论坛，2010，30（6）：34-40，134.

[78] 全国科学技术名词审定委员会．《图书馆·情报与文献学名词》[EB/OL]．[2018-06-20]．http：//www.cnctst.cn/sdgb/sdygb/201705/t20170508_371983.html.

[79] 现代汉语词典[M]．7 版．北京：商务印书馆，2016.

[80] 沈耕宇，黄水清，王东波．以作者合作共现为源数据的科研团队发掘方法研究[J]．现代图书情报技术，2013，29（1）：57-62.

[81] 施水才，王锴，韩艳铧，等．基于条件随机场的领域术语识别研究[J]．计算机工程与应用，2013，49（10）：147-149，155.

[82] 史庆伟，乔晓东，徐硕，等．作者主题演化模型及其在研究兴趣演化分析中的应用[J]．情报学报，2013，32（9）：912-919.

[83] 宋培彦，陈白雪，贤信．科技专家信息语义模型构建及实证研究[J]．情报理论与实践，2017，40（9）：119-124.

[84] 宋培彦，程志强. 肿瘤领域专家学术影响力评价方法及其实证研究[J]. 情报工程，2018，4（3）：48-57.

[85] 宋培彦，李丹丹. 肿瘤领域关键词共现网络聚类方法研究[J]. 医学信息学杂志，2018，39（8）：51-57.

[86] 宋培彦. 术语计算与知识组织研究[M]. 北京：科学技术文献出版社，2018.

[87] 宋振世，周健，吴士蓉. h指数科研评价实践中的应用研究[J]. 图书情报工作，2013，57（1）：117-121，135.

[88] 孙茂松. 基于互联网自然标注资源的自然语言处理[J]. 中文信息学报，2011，25（6）：26-32.

[89] 孙茜. 通用欧洲科研信息格式研究[J]. 情报资料工作，2019，40（1）：73-80.

[90] 覃世安，李法运. 文本分类中TF-IDF方法的改进研究[J]. 现代图书情报技术，2013，29（10）：27-30.

[91] 万方数据[EB/OL]. [2019-05-29]. http://www.wanfangdata.com.cn.

[92] 王平. 基于层次概率主题模型的科技文献主题发现及演化[J]. 图书情报工作，2014，58（22）：70-77.

[93] 王萍. 基于概率主题模型的文献知识挖掘[J]. 情报学报，2011，30（6）：583-590.

[94] 王玉林，王忠义. 细粒度语义共词分析方法研究[J]. 图书情报工作，2014，58（21）：73-80.

[95] 王曰芬，王雪芬，杨小晓. 基于社会网络的科技咨询专家库的构建方案与流程设计[J]. 情报学报，2012，31（2）：116-125.

[96] 王知津，赵梦菊. 论知识组织系统中的语义关系（上）[J]. 图书馆工作与研究，2014（8）：65-69.

[97] 王知津，赵梦菊. 论知识组织系统中的语义关系（下）[J]. 图书馆工作

与研究,2014(9):67-71.

[98] 吴丹,许小梅. 图书馆与图书分享网站的用户标注行为比较研究 [J]. 图书情报知识,2013(1):85-93.

[99] 吴云芳,石静,金澎. 基于图的同义词集自动获取方法 [J]. 计算机研究与发展,2011,48(4):610-616.

[100] 席运江,党延忠,廖开际. 组织知识系统的知识超网络模型及应用 [J]. 管理科学学报,2009,12(3):12-21.

[101] 席运江,赵燕,廖晓,等. 基于LDA的企业微博主题传播超网络建模及分析方法 [J]. 管理学报,2018,15(3):434-441.

[102] 夏立新,张玉涛. 基于主题图构建知识专家学术社区研究 [J]. 图书情报工作,2009,53(22):103-107.

[103] 夏天. 词向量聚类加权TextRank的关键词抽取 [J]. 数据分析与知识发现,2017,11(2):28-34.

[104] 谢佳琳,张晋朝. 高校图书馆用户标注行为研究——以信息系统成功模型为视角 [J]. 图书馆论坛,2014,34(11):87-93.

[105] 熊回香,李晓敏,杜瑾. 基于学术关键词与共被引的学者推荐研究 [J]. 情报学报,2021,40(7):725-733.

[106] 杨博,刘大有,JIMING,等. 复杂网络聚类方法 [J]. 软件学报,2009,20(1):54-66.

[107] 叶春蕾,冷伏海. 基于引文—主题概率模型的科技文献主题识别方法研究 [J]. 情报理论与实践,2013,36(9):100-103.

[108] 叶鹰. H指数与H型指数研究 [M]. 北京:科学出版社,2011.

[109] 张小平,周雪忠,黄厚宽,等. 一种改进的LDA主题模型 [J]. 北京交通大学学报,2010,34(2):111-114.

[110] 章成志. 基于集成学习的自动标引方法研究 [J]. 情报学报,2010,29(1):3-8.

[111] 赵鹏,蔡庆生.一种基于《知网》的中文文本聚类算法的研究[J].计算机工程与应用,2007,43(12):162-163.

[112] 赵伟,彭洁,屈宝强,等.构建我国科技人才信息宏观监测体系的思考与建议[J].中国科技资源导刊,2015,47(3):67-72.

[113] 周世兵,徐振源,唐旭清.新的K-均值算法最佳聚类数确定方法[J].计算机工程与应用,2010,46(16):27-31.